高等职业院校前沿技术专业特色教材

无人机
生产设计与检测维修

◎ 主　编　张敏华　许英杰

副主编　贺建锋　王朋飞　徐　勇

清華大学出版社

北京

内 容 简 介

本书从无人机企业工业制造的角度出发,以全方位培养无人机应用技术专业人员的生产、设计、装配、调试、应用、维修、定损的综合素质为目标编写。本书语言通俗易懂,在内容的广度和深度上兼顾知识的系统性、逻辑性、理论性和实用性并重。本书分为九章,主要描述了 CAD 制图及相关无人机设计、CO_2 激光切割机及数控雕刻机涉及的无人机平面生产环节、SolidWorks 制图及相关无人机设计、3D 打印机涉及的无人机三维立体生产环节以及所衍生出的准行业无人机的装配、调试、拓展载荷和后续检测、定损的内容。

本书为中国航空学会推荐教材,可作为高职院校无人机应用技术专业教材,也可作为无人机相关行业和生产企业的参考用书。

图书在版编目(CIP)数据

无人机生产设计与检测维修/张敏华,许英杰主编. —北京:清华大学出版社,2021.10
高等职业院校前沿技术专业特色教材
ISBN 978-7-302-58258-8

Ⅰ. ①无…　Ⅱ. ①张… ②许…　Ⅲ. ①无人驾驶飞机-高等职业教育-教材　Ⅳ. ①V279

中国版本图书馆 CIP 数据核字(2021)第 101582 号

责任编辑:张　弛
封面设计:刘　键
责任校对:刘　静
责任印制:宋　林

出版发行:清华大学出版社
　　　　网　　　址:http://www.tup.com.cn, http://www.wqbook.com
　　　　地　　　址:北京清华大学学研大厦 A 座　　　邮　　编:100084
　　　　社 总 机:010-62770175　　　　　　　　　邮　　购:010-62786544
　　　　投稿与读者服务:010-62776969,c-service@tup.tsinghua.edu.cn
　　　　质量反馈:010-62772015,zhiliang@tup.tsinghua.edu.cn
　　　　课件下载:http://www.tup.com.cn,010-83470410
印 装 者:三河市铭诚印务有限公司
经　　销:全国新华书店
开　　本:185mm×260mm　　　　印　张:15　　　　字　　数:378 千字
版　　次:2021 年 11 月第 1 版　　　　　　　　印　　次:2021 年 11 月第 1 次印刷
定　　价:52.00 元

产品编号:088168-01

编写委员会

丛书主编：

姚俊臣

编　　委：

周竞赛　李立欣　张广文
胡　强　朱　妮

职业教育与普通教育作为高等教育的两翼,具有同等重要的地位。改革开放以来,职业教育为我国经济社会发展提供了有力的人才和智力支撑,现代职业教育体系框架全面建成,服务经济社会发展能力和社会吸引力不断增强,具备了建设科技强国的诸多有利条件和良好工作基础。随着我国进入新的发展阶段,产业升级和经济结构调整不断加快,各行各业对技术技能人才的需求越来越紧迫,职业教育的重要地位和作用进一步凸显。这一点在我国航空科技领域愈发突出,航空产业发展离不开大国工匠和高水平的职业技术人才。

作为我国航空科技飞速发展的重要代表,无人机技术广受关注,已经一跃成为通用航空领域的一支新生力量,目前中国民用消费类无人机已占全球 70% 左右的市场份额。2017 年 12 月,工业和信息化部印发《关于促进和规范民用无人机制造业发展的指导意见》。到 2025 年,综合考虑产业成熟度提升后的发展规律,民用无人机产业将由高速成长转向逐步成熟,按照年均 25% 的增长率测算,到 2025 年民用无人机产值将达到 1800 亿元。2020 年,习近平总书记在视察空军航空大学时指出:现在各类无人机系统大量出现,无人作战正在深刻改变战争面貌。要加强无人作战研究,加强无人机专业建设,加强实战化教育训练,加快培养无人机运用和指挥人才。职业技术院校无人机应用技术专业成为当下的热门专业,已有 500 多所院校新设相关专业,远超设置航空相关专业的综合性大学数量。

目前国内无人机教育仍然处在探索和起步阶段,伴随着近年来国内无人机市场的井喷发展,无人机人才需求缺口也日益凸显,尤其是无人机技能人才缺口更大。从不同层次的学科培养角度来看,院校需要区分高等教育和职业教育的特点,进而达到有针对性的教育目的,实现人才培养和供给的多元化。随着人力资源和社会保障部把无人机驾驶员作为 13 个新职业之一,无人机应用成为新热点,具备实际操作能力的无人机操控及维护人员将成为炙手可热的人才。在我国就业形势异常严峻的大背景下,无人机应用技术人才成为国家紧缺人才之一,专业无人机操控技能将显示出超强的竞争力,学习和参与无人机的人数逐年上涨。2019 年,无人机装调检修工再次成为新兴职业,新增无人机专业(或无人机方向)的中高职院校将很快超过1000 所。但是与通用航空事业已经较成熟的发达国家相比,与建设现代化经济体系、建设科技强国的要求相比,我国无人机职业教育还存在着体系建设不够完善、无人机职业技能实训基地建设有待加强、制度标准不够健全、企业参与办学的动力不足、技术技能人才成长的配套政策尚待完善、办学和人才培养质量水平参差不齐等问题。

　　为贯彻落实《职业学校校企合作促进办法》《国家职业教育改革实施方案》等文件精神,推动无人机职业教育事业发展,提高职业教育发展水平,完善高层次应用型人才培养体系,促进校企产教融合,为企业培养具有良好职业素质的应用型人才,中国航空学会组织 40 余位航空科技,尤其是无人机科研和教育方面的专家编写了本系列教材,希望为无人机技能人才培养提供参考支撑。这是中国航空学会作为我国航空科技领域最具影响力的科技社团的使命与职责。

　　本系列教材得到了北京小飞手教育科技有限公司和圆梦天使(北京)教育科技有限公司的大力支持,在此深表感谢。

中国航空学会理事长

无人机产业是我国战略性新兴产业之一,它不仅是衡量国家科技实力和高端制造水平的重要标志,也是推动经济高质量发展、促进人民美好生活的重要支撑。近年来,我国无人机产业发展迅速,特别是在《中国制造 2025》《"十三五"国家战略性新兴产业发展规划》等国家政策的扶持鼓舞下,迎来了绝佳的发展契机和更加优越的发展环境,呈现出"飞起来、热起来、强起来"的良好态势。但目前国内无人机职业教育仍然处于起步阶段,各地职业院校相继开设了无人机专业,因此亟须符合理论需求、满足现实需要的相应教材。

随着无人机的应用越来越广泛,国内无人机市场呈井喷式发展,无人机人才需求缺口日益凸显,短期内产生了大量的无人机从业岗位,形成了供不应求的缺口,尤其是无人机应用人才的缺口更大。但无人机行业除了需求飞行作业人员以外,更需要经过系统理论知识学习、能够熟练掌握无人机相关生产设计、装配调试、定损维修的全能型人才。

本书紧跟国内职业教育特点,立足开展无人机专业方向职业教育,从无人机工业制造的角度出发,全方位地介绍了无人机的生产、设计、装配、调试、应用、定损等知识。在文字叙述上,尽量用通俗易懂的语言阐述,避免过多的理论描述;在内容的广度和深度上,兼顾知识的系统性、逻辑性,实现理论性和实用性并重。

本书是高等职业院校前沿技术专业特色教材。全书共分为九章,第一章为 CAD 制图及无人机设计,第二章为 CO_2 激光切割机操作,第三章为雕刻机操作,第四章为 SolidWorks 基础及无人机设计,第五章为 3D 打印机操作,第六章为多旋翼无人机装配,第七章为典型开源飞控调试,第八章为基础创新载荷应用,第九章为日常检测及定损。其中,第一、四章由张敏华编写,第二、三章由贺建锋编写,第五章由许英杰编写,第六、七、九章由王朋飞编写,第八章由徐勇编写,全书由张敏华和许英杰统稿。

本书在编写过程中得到了业内众多专家、学者的指导,同时也参考了国内外大量文献资料,在此对专家、学者和文献原作者表示由衷的感谢!

由于编者水平有限且科技日益发展,疏漏或值得商榷之处在所难免,敬请使用本书的各位老师、学生和其他相关人员不吝指正。

编　者

2021 年 5 月

本书教学课件

目　录

第 一 章

CAD 基础及无人机设计

不论是固定翼还是多旋翼无人机,在日常的加工、生产中,AutoCAD(以下简称 CAD)制图都是必不可少的一款软件。CAD 是一款入门门槛较低的平面绘图软件,通过 CAD 可以简便地绘制木制无人机切割图、多旋翼无人机机架加工图等。因为考虑学校教学问题,选用一款功能齐全、兼容性较强的 CAD 2014 为例进行教学,如实际使用中出现有区别的地方,以实际为准。

第一节　查看基本 AutoCAD 控件

启动 AutoCAD 后,单击"开始绘制"按钮,开始绘制新图形(图 1.1)。

AutoCAD 在绘图区域的顶部包含标准选项卡式功能区。可以从"常用"选项卡访问本手册中出现的几乎所有的命令。此外,下面显示的"快速访问"工具栏包括熟悉的命令,如"新建""打开""保存""打印""放弃"等(图 1.2)。

注:如果"常用"选项卡不是当前选项卡,请继续操作并单击它。

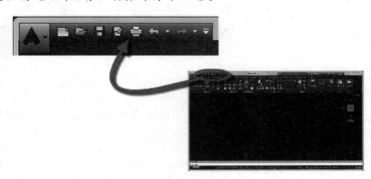

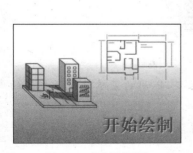

图 1.1　绘制新图形　　　　　　　　　　图 1.2　几种命令键

一、"命令"窗口

AutoCAD 界面的核心部分是"命令"窗口,它通常固定在应用程序窗口的底部。"命令"窗口可显示提示、选项和消息(图 1.3)。

图 1.3 命令窗口

可以直接在"命令"窗口中输入命令,而不使用功能区、工具栏和菜单。许多长期使用 AutoCAD 的用户喜欢使用此方法。

请注意,当开始键入命令时,它会自动完成。当提供了多个可能的命令时(图 1.4),可以通过单击或使用箭头键并按 Enter 键或空格键来进行选择。

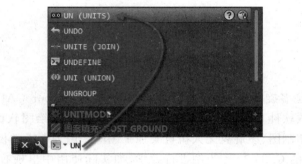

图 1.4 键入命令

二、鼠标

大多数用户使用鼠标作为其定点设备(图 1.5),但是其他设备也具有相同的控件。

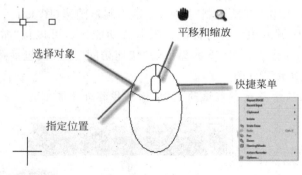

图 1.5 鼠标定点

提示:当查找某个选项时,可尝试右击。根据定位光标的位置,不同的菜单将显示相关的命令和选项。

三、新图形

通过为文字、标注、线型和其他几种部件指定设置,可以轻松地满足行业或公司标准的要求。例如,如图 1.6 所示图形设计显示了两个不同的标注样式。

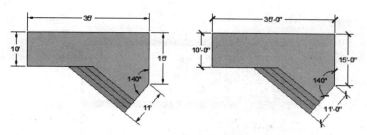

图1.6　两种不同的标注样式

所有这些设置都可以保存在图形样板文件中。单击"新建"以从下面几个图形样板文件中进行选择(图1.7)。

图1.7　新建文件

(1) 对于英制图形,假设单位是英寸,请使用acad.dwt 或 acadlt.dwt。

(2) 对于公制单位,假设单位是毫米,请使用 acadiso.dwt 或 acadltiso.dwt(图1.8)。

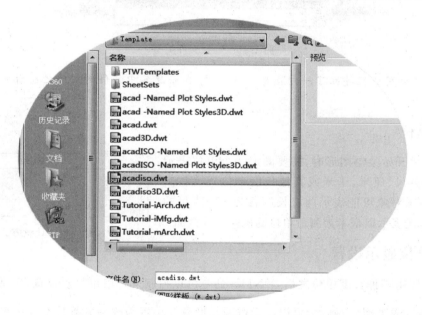

图1.8　公制单位选择

列表中的"教程"样板文件是用于建筑或机械设计主题的简单样例,使用英制(i)和公制(m)版本。

大多数公司使用符合公司标准的图形样板文件,具体取决于项目或客户。

四、创建自己的图形样板文件

可以将任何图形(.dwg)文件另存为图形样板(.dwt)文件。也可以打开现有图形样板文件进行修改(图1.9),然后重新将其保存(如果需要,请使用不同的文件名)。

如果独立工作,可以开发图形样板文件以满足工作偏好,在以后熟悉其他功能时,可以为它们添加设置。

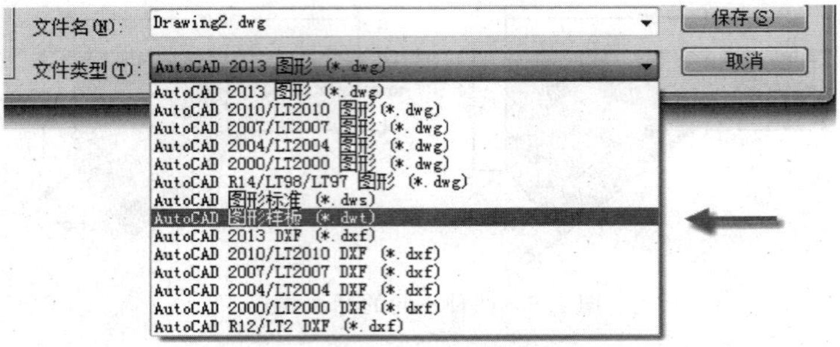

图 1.9　打开文件

要修改现有图形样板文件,请单击"打开",在"选择文件"对话框中指定"图形样板(＊.dwt)"并选择样板文件(图 1.10)。

图 1.10　选择文件类型

注:如果公司已经建立了一组图形样板文件,在修改其中的任何文件之前请先与 CAD 管理员进行核对。

五、单位

当第一次开始绘制图形时,需要确定一个单位表示长度(英寸、英尺、厘米、千米或其他长度单位)。例如,如图 1.11 所示对象可能表示两栋长度各为 125 英尺的建筑,或者可能表示以毫米为测量单位的机械零件截面。

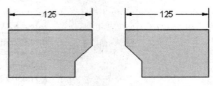

图 1.11　计量方式

六、单位显示设置

在决定使用哪种长度单位之后,UNITS 命令可以控制几种单位显示设置,包括以下几个。

(1) 格式(或类型)。例如,可以将十进制长度 6.5 设置为改用分数长度 $6\frac{1}{2}$ 来显示。

(2) 精度。例如,十进制长度 6.5 可以设置为以 6.50、6.500 或 6.5000 显示。

如果打算使用英尺和英寸,请使用 UNITS 命令将单位类型设置为"建筑",然后在创建对象时,可以指定其长度单位为英寸。如果要使用公制单位,请保留将单位类型设置为"小数"。更改单位格式和精度不会影响图形的内部精度,只会影响长度、角度和坐标在用户界面中如何显示。

提示:如果需要更改 UNITS 设置,请确保将图形另存为图形样板文件。否则,将需要更改每个新图形的 UNITS 设置。

七、模型比例

始终以实际大小(1∶1 的比例)创建模型。术语"模型"是指设计的几何图形。图形包含模型几何图形以及显示在布局中的视图、注释、尺寸、标注、表格和标题栏。

在创建布局时,可以指定以后在标准大小的图纸上打印图形时所需的比例。

八、建议

- 要打开关于正在运行的命令信息的"帮助",只需按 F1 键。
- 要重复上一个命令,请按 Enter 键或空格键。
- 要查看各种选项,请选择一个对象,然后右击,或在用户界面元素上右击。

- 要取消正在运行的命令或者如果感觉运行不畅,请按 Esc 键。例如,如果在绘图区域中单击,然后再输入命令,将看到(图 1.12)类似的显示。

按 Esc 键取消该预选操作。

图 1.12　输入命令后的显示

第二节　查　看

查看是指在图形中平移和缩放并控制重叠对象的顺序,最简单的方式是通过使用鼠标上的滚轮更改视图。

- 通过滚动滚轮缩小或放大。
- 通过按住滚轮并移动鼠标,可以任意方向平移视图。
- 通过单击滚轮两次,缩放至模型的范围。

提示:当放大或缩小时,光标的位置很重要。将光标当作放大镜。例如,如果将光标放置在无人机侧视图电机位置,如图 1.13 所示,则放大操作可以放大电机而不移动视图。

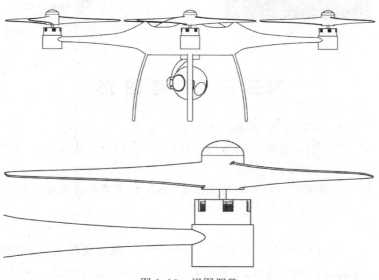

图 1.13　视图调整

注:如果无法继续缩放或平移,请在"命令"窗口中键入 REGEN,然后按 Enter 键。此命令将重新生成图形显示并重置可以用于平移和缩放的范围。

如果创建了相互重叠的对象,则可能需要更改某些对象显示在上面或其他对象的前面。例如,如果希望黄色的公路穿过蓝色的河(而不是相反的方式),则使用 DRAWORDER 命令对对象重新排序（图 1.14）。

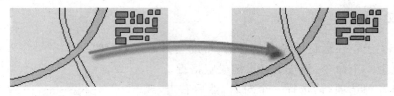

图 1.14　重新排序

可以从功能区上的"修改"面板中访问多个绘图次序选项。单击以展开"修改"面板，然后单击下拉箭头（图 1.15）

列出的绘图次序选项包括将所有图案填充后置、将所有文字前置等（图 1.16）。

图 1.15　修改面板　　　　　　　图 1.16　文字处理

第三节　几何图形

创建基本几何对象，例如直线、圆和图案填充区域。

可以在 AutoCAD 中创建许多不同类型的几何对象，但对于大多数二维图形只需要知道其中几个几何对象。

提示：如果想要在创建几何对象时简化显示，请按 F12 键来关闭动态输入。

一、直线

直线是 AutoCAD 图形中最基本和最常用的对象。若要绘制直线，请单击"直线"工具（图 1.17）。或者也可以在"命令"窗口中键入 LINE 或 L，然后按 Enter 键或空格键。

请注意在"命令"窗口中对于输入点位置的提示（图 1.18）。

若要指定该直线的起点，可以键入坐标"0,0"，最好将模型的一个角点定位在"0,0"（称为原点）。若要定位其他点，可以在绘图区域中指定其他 X、Y 坐标位置（图 1.19）；也可以使用更有效的方法

图 1.17　绘制直线

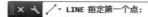

图 1.18 输入点位置提示

指定点,这些方法将在"精度"主题中介绍。

指定了下一个点后,LINE 命令将自动重复,不断提示输入其他的点。按 Enter 键或空格键结束序列。

二、用户坐标系

用户坐标系(UCS)图标表示输入的任何坐标的正 X 轴和 Y 轴的方向,并且它还定义图形中的水平方向和垂直方向。在某些二维图形中,可以方便地单击、拖动和旋转 UCS 以更改原点、水平方向和垂直方向(图 1.20)。

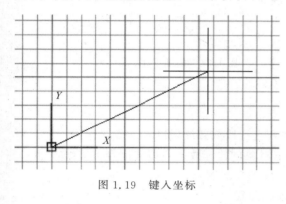

图 1.19 键入坐标

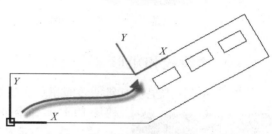

图 1.20 更改原点

三、栅格显示

有些用户喜欢使用栅格线作为参照,而另一部分用户喜欢在空白区域中工作。要禁用夹点显示,请按 F7 键。即使栅格处于禁用状态,也可以通过按 F9 键强制光标捕捉到栅格增量。

四、作为构造辅助工具的直线

直线可以用作参照和构造几何图形,例如:
- 地界线过渡;
- 对称的机械零件的镜像线;
- 避免干涉的间隙线;
- 遍历路径线。

五、圆

CIRCLE 命令的默认选项需要指定中心点和半径(图 1.21)。

在下拉菜单中提供了其他的圆选项(图 1.22),也可以在"命令"窗口中输入 CIRCLE 或 C,并单击以选择一个选项。如果执行此操作,可以指定中心点,也可以单击其中一个亮显的命令选项(图 1.23)。

图 1.21 指定中心点和半径

圆可以用作参照几何图形。例如，可以看到如图1.24所示的相互干涉。

图1.23　选择一个选项

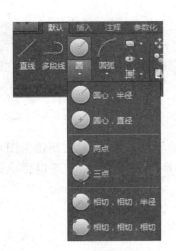

图1.22　其他选项

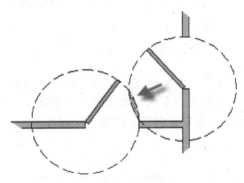

图1.24　相互干涉

六、多段线和矩形

多段线是作为单个对象创建的相互连接的序列直线段或弧线段（图1.25）。

图1.25　多线段选择

使用PLINE命令为以下对象创建开放多段线或闭合多段线：

- 需要具有固定宽度线段的几何图形；
- 需要了解总长度的连续路径；
- 用于地形学地图和等压数据的轮廓素线；
- 印制电路板上的布线图和宽线；
- 流程图和布管图。

多段线可以具有恒定宽度，或者可以有不同的起点宽度和端点宽度。指定多段线的第一个点后，可以使用"宽度"选项来指定所有后来创建的线段的宽度。可以随时更改宽度值，甚至在创建新线段时更改（图1.26）。

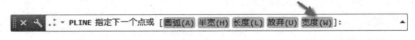

图1.26　新线段更改

如图1.27所示是印制电路板的样例，其中的线路是使用宽多段线创建的。接合焊盘是使用DONUT命令创建的。

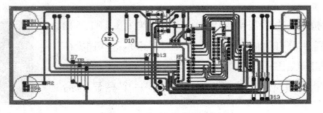

图1.27　印制电路板样例

多段线对于每个线段可以有不同的起点宽度和端点宽度,如图1.28所示。

图1.28 起点宽度和端点宽度

快速创建闭合矩形多段线的方法是使用RECTANG命令(在"命令"窗口输入REC),如图1.29所示。

只需单击矩形的两个对角点即可。如果使用此方法,则启用"栅格捕捉"(F9)以提高精度(图1.30)。

图1.29 RECTANG命令

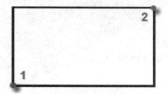

图1.30 栅格捕捉

七、图案填充

在AutoCAD中,图案填充是单个复合对象,该对象使用直线、点、形状、实体填充颜色或渐变填充的图案覆盖指定的区域(图1.31)。

启动HATCH命令时,功能区将暂时显示"图案填充创建"选项卡。在此选项卡上,可以从70多个行业标准英制和ISO的填充图案以及许多专用选项中进行选择。最简单的步骤是从功能区选择填充图案和比例,然后在由对象完全封闭的任意区域内单击。需要指定图案填充的比例因子,以控制其大小和间距。

图1.31 区域选择

创建图案填充后,可以移动边界对象以调整图案填充区域,或者可以删除一个或多个边界对象以创建部分边界的图案填充,如图1.32所示。

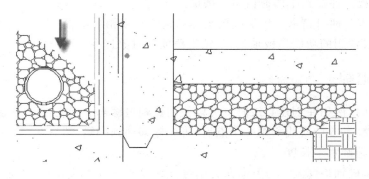

图1.32 图案填充调整

提示：如果将填充图案设置为实体或渐变填充，还要考虑在"图案填充创建"选项卡上设置透明度级别以达到有趣的重叠效果。

如图 1.33 所示是一些使用实体填充图案的样例。

提示：如果需要在图案填充中对齐图案（可能就像上面的甲板一样），请使用"设定原点"选项来指定对齐点（图 1.34）。

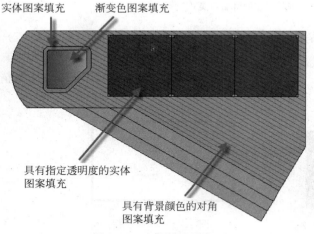

实体图案填充　渐变色图案填充

具有指定透明度的实体
图案填充

具有背景颜色的对角
图案填充

图 1.33　实体填充图案

图 1.34　设定原点

注：如果区域不是完全封闭的，将显示红色圆，以指示要检查间隙的位置。在命令窗口中输入 REDRAW 以删除红色圆。

第四节　精　　度

精度功能是确保模型所需要的精度。

AutoCAD 中有以下几种可用的精度功能。

（1）极轴追踪。捕捉到最近的预设角度并沿该角度指定距离。

（2）锁定角度。锁定到单个指定角度并沿该角度指定距离。

（3）对象捕捉。捕捉到现有对象上的精确位置，例如多线段的端点、直线的中点或圆的中心点。

（4）栅格捕捉。捕捉到矩形栅格中的增量。

（5）坐标输入。通过笛卡儿坐标或极坐标指定绝对或相对位置。

其中，三个最常用的功能是极轴追踪、锁定角度和对象捕捉。

一、极轴追踪

需要指定点时（例如在创建直线时），可以使用极轴追踪来引导光标以特定方向移动。

例如，指定图 1.35 中直线的第一个点后，将光标移动到右侧，然后在"命令"窗口中输入距离以指定直线的精确水平长度。

默认情况下，极轴追踪处于打开状态并引导光标以水平或垂直方向（0°或 90°）移动。

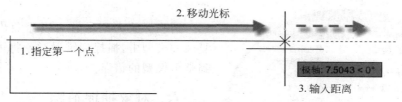

图 1.35　直线创建示例

二、锁定角度

如果需要以指定的角度绘制直线,可以锁定下一个点的角度。例如,如果直线的第二个点需要以 45°角创建,则在"命令"窗口中输入"<45"(图 1.36)。

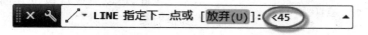

图 1.36　锁定角度

按所需的方向沿 45°角移动光标后,可以输入直线的长度。

三、对象捕捉

到目前为止,在对象上指定精确位置的最重要方式是使用对象捕捉。如图 1.37 所示,通过标记来表示多个不同种类的对象捕捉。

只要 AutoCAD 提示指定点,对象捕捉就会在命令执行期间变为可用。例如,如果创建一条新线,然后将光标移动到现有直线端点的附近,光标将自动捕捉它(图 1.38)。

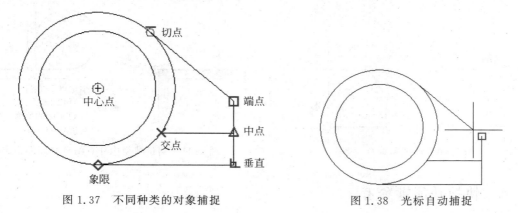

图 1.37　不同种类的对象捕捉　　　　图 1.38　光标自动捕捉

四、设置默认对象捕捉

输入 OSNAP 命令以设置默认对象捕捉,也称为"运行"对象捕捉。例如,可能会发现,默认启用"中点"对象捕捉很有用(图 1.39)。

五、建议

在提示输入点时,可以指定替代所有其他对象捕捉设置的单一对象捕捉。按住 Shift 键,在绘图区域中右击,从"对象捕捉"菜单中选择对象捕捉。然后,移动光标在对象上选择一个

图 1.39　运行对象捕捉

位置。

　　请确保放大到足够大以避免出现错误。在复杂的模型中,捕捉到错误对象将可能导致传播到整个模型的错误。

六、对象捕捉追踪

　　在命令执行期间,可以从对象捕捉位置水平和垂直对齐点。如图 1.40 所示,首先将光标悬停在端点 1 上,然后悬停在端点 2 上。光标移近位置 3 时,光标将锁定到水平和垂直位置。

　　至此,可以完成从该位置创建的直线、圆或其他对象。

七、验证所做的工作

　　重新检查几何图形以尽早发现错误。输入 DIST 命令(或仅 DI)来测量模型中任意两点之间的距离。

　　例如,可能需要在显示的两点之间查找间隙,这可能表示墙角和小桌子角,也可能表示塑料零件和电线的二维截面。

　　如图 1.41 所示,输入 DIST 后,单击角点 1 上的端点。接下来,按住 Shift 键,同时右击,然后从对象捕捉菜单中选择"垂直"。最后,单击圆 2。

　　显示在结果中的小数位数和单位样式由 UNITS 命令控制。

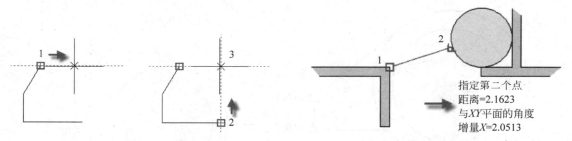

图 1.40　水平和垂直对齐　　　　　　图 1.41　测量模型中任意两点之间的距离

八、快捷功能键参考

　　键盘上的功能键在 AutoCAD 中都有指定。最常打开和关闭的功能键是用一把钥匙来表示(表 1.1)。

表 1.1　键盘快捷键

主键	功　　能	说　　明
F1	帮助	显示活动工具提示、命令、选项板或对话框的帮助
F2	展开的历史记录	在命令窗口中显示展开的命令历史记录
F3	对象捕捉	打开和关闭对象捕捉
F4	三维对象捕捉	打开三维元素的其他对象捕捉

续表

主键	功　能	说　明
F5	等轴测平面	循环浏览 2-1/二维等轴测平面设置
F6	动态 UCS	打开与平面对齐的 UCS
F7	栅格显示	打开和关闭栅格显示
F8	正交	锁定光标按水平或垂直方向移动
F9	栅格捕捉	限制光标按指定的栅格间距移动
F10	极轴追踪	引导光标按指定的角度移动
F11	对象捕捉追踪	从对象捕捉位置水平或垂直追踪光标
F12	动态输入	显示光标附近的距离和角度并在字段之间使用 Tab 键时接受输入

第五节　图　　层

通过将对象指定到图层来组织图形。

当图形看起来很复杂时,可以隐藏当前不需要看到的对象(图 1.42)。

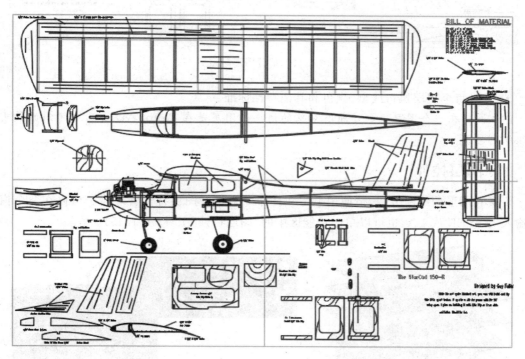

图 1.42　隐藏前图形

在如图 1.43 所示的图形中,已通过关闭其图层来暂时隐藏引线和标注。

可以通过在与特定功能或用途关联的图层上组织图形中的对象,来获得该控制级别。如图 1.44 所示,将图层看作透明的塑料纸可能会有所帮助。

使用图层,可以:

- 关联对象(按其功能或位置);
- 使用单个操作显示或隐藏所有相关对象;

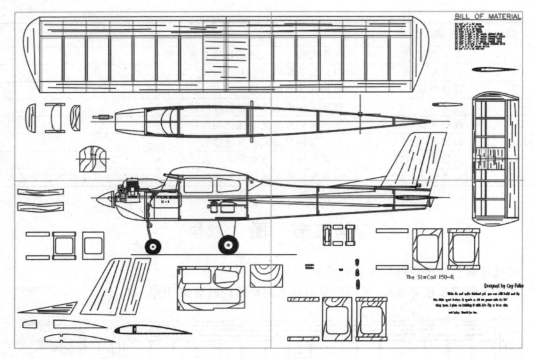

图 1.43　部分图形隐藏后

• 针对每个图层执行线型、颜色和其他特性标准。

注：抵制在一个图层上创建所有对象的诱惑。图层是在 AutoCAD 图形中可用的最重要的组织部件。

一、图层控件

要查看图形的组织方式，请使用 LAYER 命令来打开图层特性管理器。可以在命令窗口中输入 LAYER 或 LA，也可以单击功能区中的"图层特性"工具（图 1.45）。

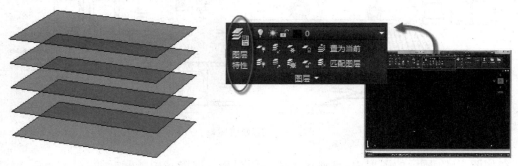

图 1.44　若干层的图层　　　　　　图 1.45　图层特性工具

如图 1.46 所示是在此图形中显示的图层特性管理器。

图 1.46 中，图层 10 WALLS 是当前图层。所有新对象都将自动放置在该图层上。在图层列表中，图层 10 WALLS 旁边的绿色勾选标记确认它是当前图层。

在标签为"打开"的列中，请注意，两个图层的灯泡图标都是暗的，已关闭这些图层以隐藏

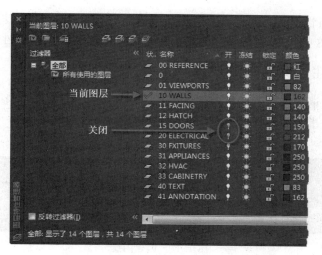

图 1.46 图层特性管理器

楼层平面中的门和电线。

注：每个图层名都以两位数的数字开始。此惯例使用户可以轻松控制图层的顺序，因为它们不依照字母排序。

提示：对于复杂图形，可能要考虑更复杂的图层命名标准。例如，图层名可以以 3 位数开始，后跟命名代码，该代码包含建筑中的多个楼层、项目编号、测量设置和特性数据等。

二、实用建议

以下是图形特性管理性中的几条实用建议。

- 图层 0 是在所有图形中存在并具有某些深奥特性的默认图层。最好创建自己的具有有意义名称的图层，而不使用此图层。
- 任何包含至少一个标注对象的图形将自动包括保留图层（称为 Defpoints）。
- 为后台构造几何图形、参考几何图形和通常不需要查看或打印的注释创建图层。
- 创建布局视口的图层。"布局"主题中介绍了有关布局视口的信息。
- 创建所有图案填充和填充的图层。它可使在一个操作中将它们全部打开或关闭。

三、图层设置

以下是图层特性管理器中最常用的图层设置。单击图标以启用和禁用设置。

(1) 关闭图层：在工作时，请关闭图层以降低图形的视觉复杂程度。

(2) 冻结图层：可以冻结暂时不需要访问的图层。冻结图层类似于将其关闭，但会在特大图形中提高性能。

(3) 锁定图层：若要防止意外更改图层上的对象，请锁定图层。另外，锁定图层上的对象显示为淡入，这有助于降低图形的视觉复杂程度，但仍可以模糊地查看对象。

（4）设置默认特性：可以设置每个图层的默认特性，包括颜色、线型、线宽和透明度。创建的新对象将使用这些属性，除非替代它们。稍后将阐述替代图层的特性。

四、图层特性管理器中的控件

要创建新图层，请单击显示的按钮并输入新图层的名称。要将其他图层置为当前图层，请单击图层，然后单击指示的按钮（图 1.47）。

图 1.47　创建图层

五、快速访问图层设置

图层特性管理器占用大量空间，而且并不总是需要访问所有选项。若要快速访问最常用的图层控件，请使用功能区中的控件。当未选定任何对象时，"常用"选项卡上的"图层"面板将显示当前图层的名称（图 1.48）。

请经常进行检查，以确保创建的对象在正确的图层上。虽然容易忘记执行此操作，但它也易于设置。单击下拉箭头以显示图层列表，然后单击列表中的图层以使其成为当前图层。也可以单击列表中的任何图标以更改其设置（图 1.49）。

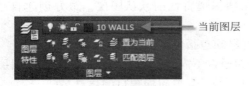

图 1.48　快速访问图层设置

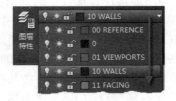

图 1.49　更改设置

六、保持标准

建立或遵从公司范围内的图层标准至关重要。使用图层标准，图形组织将随着时间的推移，在部门间变得更有逻辑、更一致、更兼容以及更易于维护。图层标准对于团队项目非常重要。

如果创建图层的标准集并将其保存在图形样板文件中，则在启动新图形时可使用这些图层，从而使可以立即开始工作。在"基础知识"主题中将显示有关图形样板文件的其他信息。

七、概要

图层可组织图形，可以暂时隐藏不需要的图形数据，还可以将默认特性（如颜色和线型）指定给每个图层。

注：一些有经验的 AutoCAD 用户仅结合图层设置特性，而其他用户则独立于图层或结合图层设置特性。在"特性"主题中介绍如何将特性指定给对象。

第六节　特　　性

可以为单个对象指定特性(例如颜色和线型),或者将其作为指定给图层的默认特性。

在如图 1.50 所示图形中,在创建不同目标时,使用了红色、绿色、蓝色三种颜色以帮助区分它们。

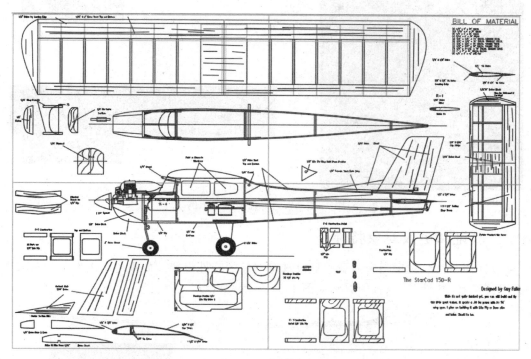

图 1.50　不同颜色区分图层

一、"特性"选项板

"特性"选项板是基本工具。可以使用 PROPERTIES 命令(在命令窗口中输入 PR)、可以按 Ctrl＋1 组合键,或者可以单击"常用"选项卡的"特性"面板中的小箭头,无论哪种方法都可以打开它(图 1.51)。

图 1.51　"特性"选项板

"特性"选项板显示所有重要特性设置的列表。可以单击任何可用字段来更改当前设置。在如图 1.52 所示的示例中,如果未选择任何对象,则当前颜色将从 ByLayer 更改为红色,并且将禁用 UCS 图标。

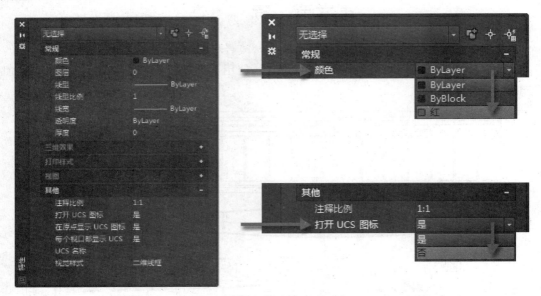

图 1.52　未选择任何对象示例

二、验证和更改对象特性

可以使用"特性"选项板来验证并更改选定对象的特性设置。如果单击图形中的对象来选择它,可能会在"特性"选项板中看到如图 1.53 所示的内容。

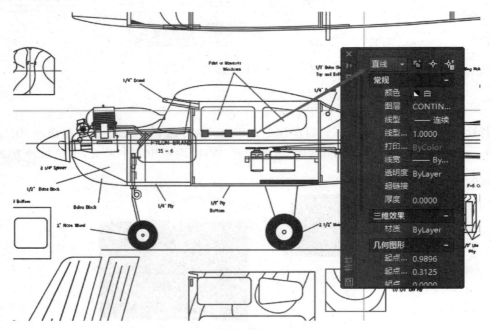

图 1.53　特性选项板中看到的内容

注:将在选项板中显示选定对象的当前特性。可以通过单击并更改设置来更改任意特性。

设置为 ByLayer 的特性将从图层继承其设置。在上一个示例中，在 20ELECTRICAL 图层上创建的对象为紫色，因为这是该图层上对象的默认颜色。

如果选择多个对象，则只在"特性"选项板中列出其常用特性。如果更改其中一个特性，将通过单个操作更改所有选定对象。在"修改"主题中介绍了关于选择对象的更多详细信息。

注：若要清除当前选择，请按 Esc 键。

三、快速访问特性设置

"特性"选项板占用大量空间。若要快速访问最常用的特性，请使用"特性"面板。如图 1.54 所示，此示例中，列出的特性全部由当前图层决定。

"特性"面板与"特性"选项板的工作方式一样。在选择对象时，当前特性设置将替换为指定给选定对象的特性，并且可以使用此面板轻松更改一个或多个选定对象的特性。

四、匹配对象特性

若要将选定对象的特性快速复制到其他对象，请使用"匹配特性"工具，或在命令窗口中输入 MATCHPROP 或 MA（图 1.55）。

选择源对象，然后选择要修改的所有对象。

五、线型

从"特性"面板指定虚线和其他不连续的线型。必须先加载线型，然后才可以指定它。

在"线型"下拉列表中，单击"其他"（图 1.56）。

图 1.54　当前图层决定的特性　　　图 1.55　匹配特性　　　图 1.56　线型选择

此操作将显示"线型管理器"对话框。

按顺序执行以下步骤。

（1）单击"加载"按钮。选择要使用的一个或多个线型。请注意，虚线（不连续）线型具有多个预设大小。

（2）单击"显示/隐藏详细信息"以显示其他设置。

为所有线型指定不同的"全局比例因子"，该值越大，画线和空格越长。单击"确定"按钮（图 1.57）。

加载了计划使用的线型后，可以选择任何对象，并从"特性"面板或"特性"选项板指定线型。另外，可以在图层特性管理器中为任何图层指定默认线型。

六、线宽

"线宽"特性提供显示选定对象的不同厚度的方式。不管视图的比例如何，这些直线的厚

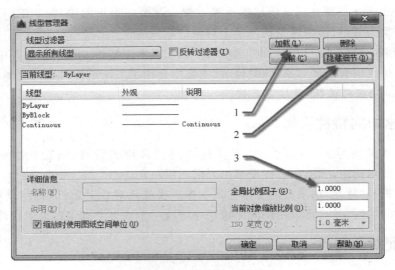

图 1.57　操作示例

度都保持不变。在布局中,将始终显示线宽并以实际单位打印。

也可以从"特性"面板指定线宽(图 1.58)。

可以保留设置为 ByLayer 的线宽,也可以指定替代图层的线宽的值。在某些情况下,线宽预览看起来相同,因为它们以近似的像素宽度显示在监视器上。但是,它们将以正确的厚度进行打印。

提示:通常在工作时,最好关闭线宽。粗线宽可能会在使用对象捕捉时,遮挡附近的对象。可以在打印前打开它们,以便进行检查。

要控制线宽的显示,请单击线宽列表底部的"线宽设置"按钮。在"线宽设置"对话框中,可以选择要显示还是隐藏线宽(图 1.59)。

图 1.58　指定线宽

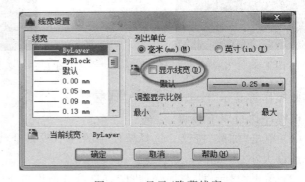

图 1.59　显示/隐藏线宽

无论显示设置如何,线宽将始终以正确的比例打印。

第七节　修　　改

对图形中的对象执行编辑操作,例如删除、移动和修剪。这些最常用的工具位于"常用"选项卡上的"修改"面板中。请花费几分钟时间浏览它们(图 1.60)。

一、删除

要删除某个对象,请使用 ERASE 命令。可以在命令窗口中输入 E,或单击"删除"工具。当看到光标更改为方形拾取框时,单击每个要删除的对象,然后按 Enter 键或空格键。

注:在输入任意命令之前,可以选择多个对象,然后按 Delete 键。有经验的用户会经常使用此方法。

二、选择多个对象

有时,需要选择大量对象。可以通过单击空白位置 1,向左或向右移动光标,然后再次单击 2 来选择区域中的对象,而不是分别选择每个对象(图 1.61)。

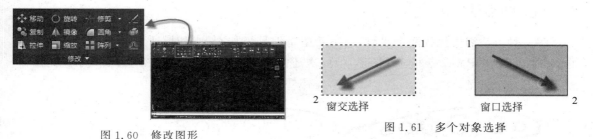

图 1.60　修改图形

图 1.61　多个对象选择

- 使用窗交选择,可选中绿色区域内的或接触该绿色区域的任何对象。
- 使用窗口选择,将仅选中完全包含在蓝色区域内的对象。

该结果称为选择集,也就是将由命令处理的对象集。

提示:可以轻松地从选择集中删除对象。例如,如果选择了 42 个对象,其中有两个不应选择,可以按住 Shift 键并选中这两个希望删除的对象。然后,按 Enter 键或空格键,或者单击鼠标右键以结束选择过程。

注:在另一个称为"套索选择"的选择方法中单击并拖动结果。

三、移动和复制

下面介绍如何使用 COPY 命令来布置一行无人机机翼翼肋。从表示其形状的多段线开始,COPY 需要制作的副本(图 1.62)。

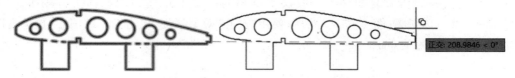

图 1.62　无人机机翼翼肋 COPY

可以通过单击"复制"工具或在命令窗口中输入 CP 来启动命令。可以在距离方法和两点法两种主要方法之间进行选择,具体取决于哪种方法更为方便。

四、距离方法

在图 1.63 所示示例中,知道右边图形的任意点与左边图形上等效点的总距离为 210。因此,可以选择图形,按 Enter 键或空格键来结束选择,然后单击绘图区域 1 中的任意位置。此点不必位于图形上。

图 1.63　距离方法复制

接下来,可以将光标移动到右侧,依靠极轴追踪角度将方向保存为水平,然后输入距离 10。再次按 Enter 键或空格键结束该命令。

从点 1 指定了距离和方向后,就定义了一个矢量。此矢量已应用到选定的图形中。

五、两点法

另一种方法需要执行两个步骤,当不希望将编号添加在一起时,通常会使用该方法。以前,需要启动 COPY 命令并选择图形,但此次还需要单击两个端点,如图 1.64 所示。此操作也会定义一个矢量。

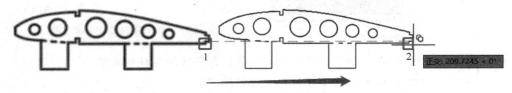

图 1.64　两点法复制

接下来,若要在图形之间添加 210 间距,请单击"移动"工具或在"命令"窗口中输入 M。MOVE 命令类似于 COPY 命令。选择新复制的图形,然后按 Enter 键或空格键。像以前一样,单击绘图区域中的任意位置,然后将光标移动到右侧。

提示:定义矢量的这两个点无须位于要复制的对象上。可以使用在模型中的任意位置指定的两个点。

六、创建多个副本

可以将两点法用作重复的序列。假设要以相同的水平距离创建圆的更多副本。启动 COPY 命令,然后选择圆(图 1.65)。然后,使用"圆心"对象捕捉,单击圆 1 的圆心,再单击圆 2 的圆心,依此类推(图 1.66)。

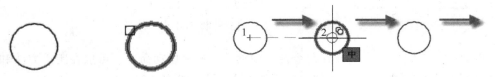

图 1.65　COPY 圆示意　　　　　图 1.66　使用圆心对象捕捉

要制作大量副本,请尝试使用 COPY 命令的"阵列"选项。例如,图 1.67 是一个螺母的线性排列。从基点指定副本的数量,以及中心到中心的距离。

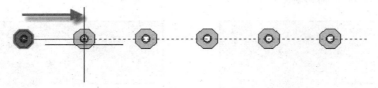

图1.67　大量副本使用阵列选项

七、偏移

大多数模型包含大量的平行直线和曲线。可以使用 OFFSET 命令轻松高效地创建它们。单击"偏移"工具或在"命令"窗口中输入 O(图1.68)。选择对象 1 指定偏移距离,然后单击以指示想要哪一侧的原始对象的结果 2。图1.69 为偏移多段线的示例。

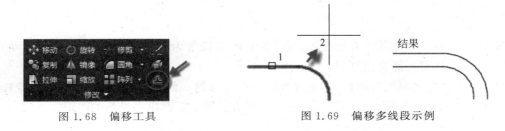

图1.68　偏移工具　　　　　　图1.69　偏移多线段示例

提示：快速创建同心圆的方法是偏移它们。

八、修剪和延伸

一种常用技巧是将 OFFSET 命令与 TRIM 和 EXTEND 命令结合使用。在命令窗口中,可以为 TRIM 输入 TR 或为 EXTEND 输入 EX。修剪和延伸是最常用的操作之一(图1.70)。如图1.71 所示,想要延伸表示此台阶的直线,可以启动"延伸"命令,选择边界,然后按 Enter 键或空格键。

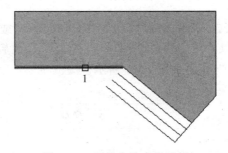

图1.70　修剪和延伸　　　　　　图1.71　延伸台阶直线示例

按 Enter 键或空格键指示已完成了选择边界,并且现在可以选择要延伸的对象。

提示：更快的方法是立即按 Enter 键或空格键,而不是选择任何边界对象。结果是所有对象都可以用作可能的边界。

接下来,选择要延伸的对象(靠近要延伸的端点),然后按 Enter 键或空格键以结束命令(图1.72)。

结果是直线将延伸到边界(图1.73)。

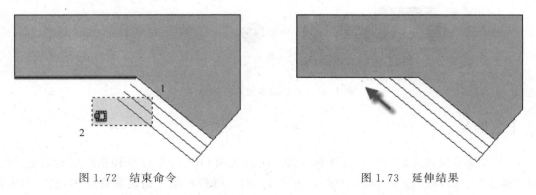

图 1.72　结束命令　　　　　　　　　　图 1.73　延伸结果

TRIM 命令遵循相同的步骤,在选择要修剪的对象时,选择的是要剪掉的部分。

九、镜像

图 1.74 取自某个穿越无人机图纸,双线圈状图形位置为 M3 沉头螺丝位置,因螺丝孔位比较特殊,左右机臂不能直接复制。

借助左右机臂之间的对称性,需要进行的操作是绘制一侧机臂,然后通过镜像指令操作,可以节省大量工作。在图 1.75 所示示例中,在原有图形下复制出一个新的图形。

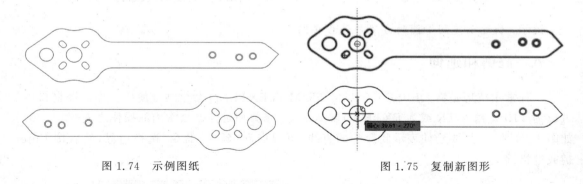

图 1.74　示例图纸　　　　　　　　　　图 1.75　复制新图形

如图 1.76 所示,可以启动 MIRROR 命令(或在命令窗口中输入 MI),以某一点为圆心进行旋转,可以设置旋转角度,此时设置为 0°。最后,通过按 Enter 键或空格键选择"删除源对象"下的"是"选项,如图 1.77 所示。

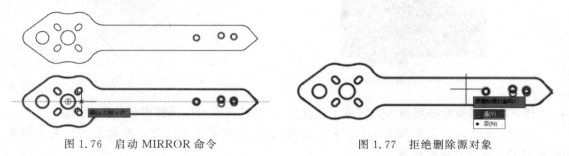

图 1.76　启动 MIRROR 命令　　　　　　图 1.77　拒绝删除源对象

提示：始终寻找对称来节省额外工作，即使并非完全对称。

十、拉伸

可以拉伸大多数几何对象，可以拉长和缩短模型的某些部分。例如，该模型可能是一个垫圈的设计（图1.78和图1.79）。

使用STRETCH命令（或在命令窗口中输入S）并使用窗交选择对象，如图1.80所示。窗交选择是必需的，它将拉伸因窗交选择而相交的几何图形。然后，单击绘图区域中的任意位置，将光标移动到右侧，并输入15作为距离。此距离可能表示毫米或英尺。

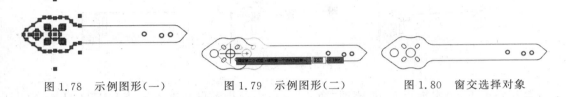

图1.78　示例图形（一）　　　　图1.79　示例图形（二）　　　　图1.80　窗交选择对象

要按指定的量缩短模型，可以改为将光标移动到右侧。

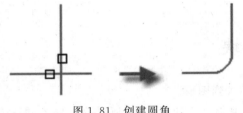

图1.81　创建圆角

十一、圆角

FILLET命令（在命令窗口中输入F）通过创建与两个选定对象相切的圆弧来创建圆角。请注意，将参照选择对象的位置创建圆角，如图1.81所示。

可以使用大多数类型的几何对象（包括直线、圆弧和多段线线段）创建圆角。

提示：如果指定0作为圆角的半径（想象一个圆收缩到半径为0），会将选定的对象修剪或延伸为锐角。

十二、分解

EXPLODE命令（在命令窗口中输入X）会将复合对象分解为其零部件。可以分解为多段线、图案填充和块（符号）等对象。分解复合对象后，可以修改每个生成的单个对象。

十三、编辑多段线

若要修改多段线，可以从多个有用的选项中进行选择。PEDIT命令（在命令窗口中输入PE）位于"修改"面板的下拉列表中，如图1.82所示。使用此命令，可以：

- 将两个多段线合并为单个多段线（如果它们共用一个公共端点）；
- 将直线和圆弧转换为多段线，只需输入PEDIT并选择直线或圆弧即可；

图1.82　修改面板下拉列表

- 更改多段线的宽度。

提示：在某些情况下,修改多段线的最简单方法是分解它并进行修改,然后使用 PEDIT 命令的"合并"选项将这些对象转换回多段线。

十四、夹点

当选择对象而不启动命令时,将显示夹点。夹点通常便于进行少量编辑。例如,如图 1.83 所示的直线意外捕捉到错误的端点。可以选中未对齐的直线,单击某个夹点,然后指定正确的位置。

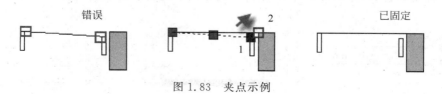

图 1.83　夹点示例

默认情况下,单击夹点时,将遵循"命令"窗口中的指示自动进入 ** STRETCH ** 模式。若要了解使用夹点编辑对象的其他方法,请按 Enter 键或空格键来循环浏览其他几种编辑模式。有些用户使用夹点来执行大多数编辑操作。

第八节　块

从商业联机源或自己的设计中,将符号和详图插入到图形。

在 AutoCAD 中,块是合并到单个命名对象的对象集合。如图 1.84 所示是一些不同比例的样例块。

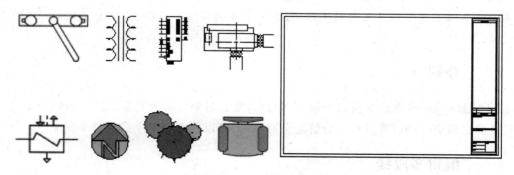

图 1.84　不同比例的样例块

其中的一些块是对象的真实图示,一些是符号,其中之一是 D 尺寸图形的建筑标题栏。

一、插入块

如图 1.85 所示,通常,每个块都是单个图形文件,可能保存在具有类似图形文件的文件夹中。当需要将块插入到当前图形文件中时,可以使用 INSERT 命令(或在命令窗口中输入 I)。

在第一次将图形作为块插入时,需要单击"浏览"以找到图形文件。确保将块组织到容易查找的文件夹中(图 1.86)。

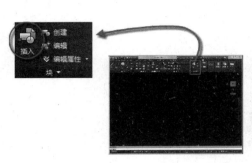

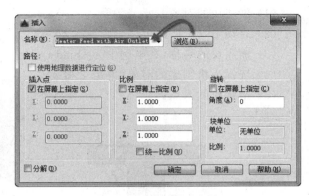

图 1.85　插入图框　　　　　　　　　图 1.86　找到图形文件

　　插入后,将在当前图形中存储块定义。此后,可以从"名称"下拉列表中选择它,而无须单击"浏览"按钮。

　　提示:"插入"对话框中的默认设置通常是可接受的。选择块名后,单击"确定"按钮,然后在图形中指定其位置。以后可以旋转它(如果必要)。

　　请注意,插入块时,它将在指示的点处显示为光标,此位置称为插入点。默认情况下,插入点是原始图形的原点(0,0)。

　　插入该块后,可以选择该块,此时将显示夹点。可以使用此夹点轻松地移动并旋转此块(图 1.87)。

　　图 1.88 所示示例中,将某个图形文件插入当前图形,以提供标准的局部视图。

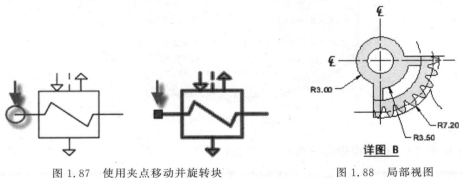

图 1.87　使用夹点移动并旋转块　　　　　图 1.88　局部视图

　　注:将图形文件作为块插入可提供对指定图形的静态参照。对于将自动更新的参照,可以改为使用"外部参照"选项板(XREF 命令)附着图形。

二、创建块定义

　　用户可能希望直接在当前图形中创建块定义,而不是创建要作为块插入的图形文件。如果不打算将块插入到其他任何图形,请使用此方法。在这种情况下,请使用 BLOCK 命令来创建块定义,如图 1.89 所示。

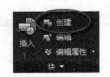

图 1.89　使用 BLOCK 命令
来创建块定义

例如,这种方法可用来创建卫生洁具设计的模块(图 1.90)。

(1) 创建块的对象。

(2) 启动 BLOCK 命令。

(3) 输入块的名称,在本例中为 Quad-Cube。

(4) 选择为块创建的对象(单击 1 和 2)。

(5) 指定块插入点。

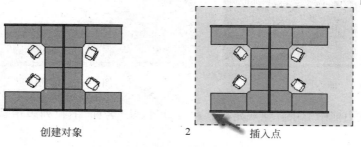

图 1.90 创建卫生洁具设计的模块

可以将步骤(3)、(4)和(5)的信息以任意顺序输入"块定义"对话框中(图 1.91)。

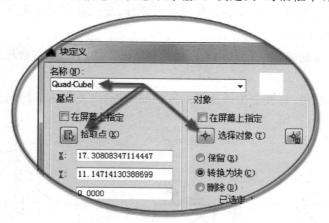

图 1.91 "块定义"对话框

创建块定义后,可以根据需要插入、复制和旋转块(图 1.92)。

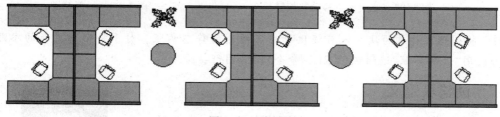

图 1.92 编辑块

如果需要进行更改,可以使用 EXPLODE 命令将块分解回其部件对象。在图 1.93 中,右侧的卫生洁具已分解和修改。

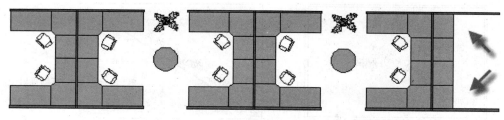

图 1.93　分解和修改

在本示例中,可以从分解的块中的对象创建新的块定义。

注:可以创建包含存储和显示信息的一个或多个属性的块定义。可以使用的命令为 ATTDEF。通常,属性包括各种数据,如零件数量、名称、成本和日期。可以将块属性信息输出为表格或外部文件。

三、建议

有几种用于保存和检索块定义的不同方案。

* 可以为每个要使用的块创建单个图形文件。可以将这些图形文件保存在文件夹中,其中每个文件夹将包含一系列相关的图形文件。
* 可以将标题栏和常用符号的块定义包括在图形样板文件中,以使其在启动新图形时立即可用。
* 可以创建多个图形文件,有时称为块库图形。每个图形包含一系列相关的块定义。当将块库图形插入到当前图形中时,即可使用在该图形中定义的所有块。

提示:可以使用联机访问从商业供应商和提供商的网站下载 AutoCAD 图形文件。这样可以节省时间,但要始终进行检查以确保它们被正确地绘制,并且可以进行缩放。Autodesk Seek(http://seek.autodesk.com/)是访问 BIM(建筑信息建模)库的便捷方式。

第九节　布　　局

在称为"布局"的标准尺寸图纸上显示一个或多个缩放的设计视图。

完成以实际大小创建模型后,可以切换到图纸空间布局以创建模型的缩放视图并添加说明、标签和标注,还可以指定不同的线型和线宽以供在图纸空间中显示。

一、模型空间和图纸空间

已知可以在模型空间中创建模型的几何图形(图 1.94)。

最初,这是在 AutoCAD 中可用的唯一空间。也可以在模型空间中创建和缩放所有注释、标签、标注以及图形边框和标题栏。在引入了图纸空间后,可以单击布局选项卡来访问专为布局和缩放设计的空间。在图 1.95 中,图纸空间处于活动状态。当前在图纸空间中仅有两个对象:图形边框块和单个布局视口,它用于显示模型空间的视图。

有关使用布局视口的详细信息,将在本主题的后半部分介绍。

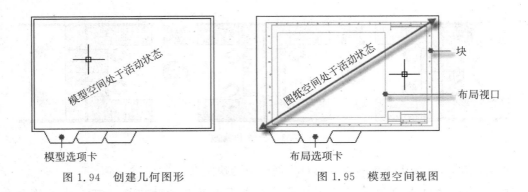

图 1.94　创建几何图形　　　　　图 1.95　模型空间视图

二、进行缩放的四种方法

在 AutoCAD 中有四种不同的方法用于缩放视图、注释、标签和标注。每种方法都有其优点，具体取决于将使用图形的方式。以下是每种方法的简要总结。

（1）原始方法。在模型空间中创建几何图形、添加注释并进行打印。标注、注释和标签都必须反向缩放。可以将标注比例设置为反向的打印比例。使用此方法时，缩放需要一点数学表示。例如，用于建筑的常见比例为 $1/4''=1'-0''$，即 1：48 的比例。如果以 $1/4''$ 的高度打印注释，则在创建时必须是 48 倍大，或在模型空间中的高度为 $12''$。相同的比例因子也适用于标注，该比例的 ARCHD 图形边框为 144 英尺长。当图形作为 D 尺寸图纸进行打印时，所有对象将缩小为正确的大小。

注：许多 AutoCAD 图形是使用此方法创建的，而且许多公司仍然在使用它。一旦设置了所有内容，该方法就非常适用于具有单个视图和插入的详图的二维图形。

（2）布局方法。在模型空间中创建几何图形和注释，并从布局进行打印。将标注比例设置为 0，尺寸将自动缩放。

（3）注释性方法。在模型空间中创建几何图形，在模型空间中从布局创建注释性标注、注释和标签（使用特殊注释性样式），并从布局进行打印。注释性对象仅显示在共享相同比例的布局视口中。标注比例将自动设置为 0，并自动缩放所有注释性对象。

（4）跨空间的方法。在模型空间中创建几何图形，在布局（标注比例设置为 1）上的图纸空间中创建注释，并从布局进行打印。这无疑是最简单、最直接的方法，也是本书中所采用的方法。

三、指定布局的图纸尺寸

首先，应在访问布局选项卡 1 时，在选项卡 2 上右击，然后将该选项卡 3 重命名为比布局 1 更具体的名称。对于 D 尺寸布局，ARCH D 或 ANSI D 可能是个不错的选择（图 1.96）。

接下来，打开页面设置管理器 4 来更改

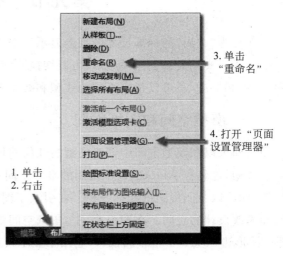

图 1.96　指定布局

在布局选项卡中显示的图纸尺寸(图1.97)。

　　注：为什么对于每种图纸尺寸,在列表中都有两个条目？这是因为某些打印机和绘图仪不识别图形方向设置(图1.98)。

图1.97　图纸尺寸选择

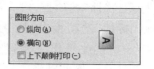

图1.98　图形方向设置

四、布局视口

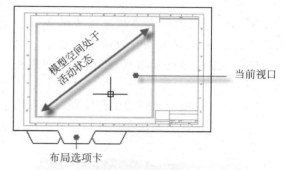

图1.99　布局视口

　　布局视口是在图纸空间中创建的对象,用于显示模型空间的缩放视图。可以将它视为一个显示部分模型空间的闭路电视监视器。在插图中,模型空间处于活动状态,而且可以从当前布局视口进行访问(图1.99)。在布局中,当模型空间处于活动状态时,可以进行平移和缩放,并且可以在"模型"选项卡上执行任何其他操作。

　　注：通过双击布局视口的内部或外部,可以在图纸空间和模型空间之间进行切换。

　　例如,假设在模型空间中创建了一个后院甲板设计,现在想要从布局选项卡布置和打印设计(图1.100)。

　　布局视口中的视图尚未设置为正确的比例。

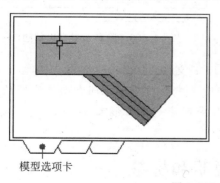

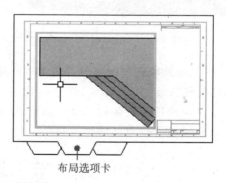

图1.100　示例图样

　　注：可以使用MVIEW(制作视图)命令在图纸空间中创建其他布局视口。使用多个布局视口,可以以相同或不同的比例显示模型空间的多个视图。

五、缩放视图和跨空间注释

　　如果使用注释图形的跨空间方法,可以遵循下面的步骤。

　　(1)单击布局选项卡。如果使用自定义图形样板文件开始绘图,可能已经完成多项任务:布局可能已设置为D尺寸,标题栏可能已经插入到布局中。

　　(2)默认情况下,图纸空间处于活动状态,因此,在布局视口中双击可使模型空间处于活动状态。请注意,切换到模型空间后,布局视口的边将变粗。

(3)缩小模型空间视图,并通过平移使其居中。但是,显示的视图仍未设置为正确的比例。

(4)在布局视口外部双击,以使图纸空间再次处于活动状态。

(5)打开"特性"选项板,然后单击以选择布局视口的边(图1.101)。

(6)在"特性"选项板中,从下拉列表中指定标准比例 $1/4''=1'-0''$。此操作将模型空间的视图精确缩放为 D 尺寸的图形。还可以将"显示锁定"特性从"否"设置为"是",这将防止意外显示对视图进行的更改(图1.102)。

注:默认情况下,非连续线型中的虚线和空格将以相同的长度显示,与布局视口的比例无关。

(7)根据需要移动布局视口,然后使用夹点调整它的边。

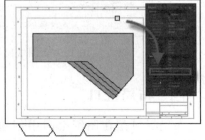

图1.101 选择布局视口的边

(8)直接在图纸空间中创建注释、标签和标注。它们会自动以正确的尺寸显示。

(9)关闭在其上创建布局视口对象的图层。这将隐藏布局视口的边(图1.103)。

图1.102 显示锁定

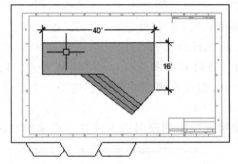

图1.103 隐藏布局视口的边

(10)将图形打印到图纸或另存为 DWF 或 PDF 文件。

注:完成标注后,可以使用 EXPORTLAYOUT 命令将模型空间和图纸空间的所有内容合并到一个单独的图形文件的模型空间。此操作会创建一个图形文件,该文件遵从创建模型的原始方法和模型空间中的所有注释。

第十节 说明和标签

创建说明、标签、编号和标注。按名称保存和恢复样式设置。可以使用代表多行文字的 MTEXT 命令(或在"命令"窗口中输入 MT)来创建通用说明。在"注释"面板中提供了多行文字工具(图1.104)。启动 MTEXT 命令后,系统会提示使用两次对角单击来创建一个"文本框"(图1.105)。

图1.104 注释文字添加

文本框的精确尺寸不是很重要。指定文本框之后,将显示"在位编辑器",可以轻松更改说明的长度和宽度(在键入文本之前、键入文本期间或键入文本之后),如图1.106所示。

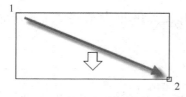

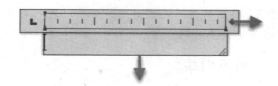

图 1.105　使用对角创建文本框　　　　　图 1.106　更改长度和宽度

在位编辑器中提供了所有常用控件,包括制表符、缩进和列。还应注意,当启动 MTEXT 命令时,功能区会临时更改,显示很多选项,例如文字样式、列、拼写检查等(图 1.107)。

- 若要在完成输入文字后退出文字编辑器,请单击其外的任意位置。
- 若要编辑说明,只需双击它来打开文字编辑器。

提示：可以使用"特性"选项板控制用于一个或多个选定多行文字对象的文字样式。例如,选择五个使用不同样式的说明后,请单击"样式"列,然后从列表中选择样式。

一、创建文字样式

与其他几个注释功能一样,多行文字也提供大量设置。使用 STYLE 命令可以将这些设置另存为"文字样式",通过单击"注释"面板上的下拉箭头可以访问已保存的文字样式。当前的文字样式显示在下拉列表的顶部。若要创建新的文字样式,请单击"文字样式"控件(图 1.108)。创建新的文字样式时,首先为它提供一个名称,然后选择字体和字体样式。单击按钮的顺序,如图 1.109 所示。

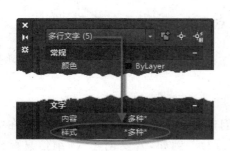

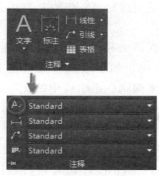

图 1.107　文字处理　　　　　　　图 1.108　"文字样式"控件

图 1.109　新建文字样式

提示：将任何新的或已更改的文字样式保存在图形样板文件中，使它们可用于所有新图形，可以节省大量时间。

二、多重引线

多重引线对象用于创建具有引线的文字，例如，常规标签、参照标签、索引和标注（图1.110）。

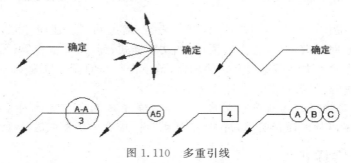

图1.110   多重引线

三、创建多重引线

要创建多重引线，请使用MLEADER命令。在"注释"面板中单击"多重引线"工具或在"命令"窗口中输入MLD。按照"命令"窗口中的提示和选项进行操作。可随意进行试验。创建多重引线后，将其选中，然后通过单击和移动其夹点来修改它。

当悬停在箭头和引线夹点上时，会显示夹点菜单。通过这些菜单，可以添加引线线段或其他引线（图1.111）。可以通过双击它来编辑多重引线中的文字。

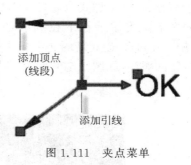

图1.111   夹点菜单

四、创建多重引线样式

可以从展开的"注释"面板的下拉列表中创建自己的多重引线样式，或通过在"命令"窗口中输入MLEADERSTYLE进行创建（图1.112）。例如，若要创建"详细信息标注"样式，启动MLEADERSTYLE命令。在"多重引线样式管理器"中，单击"新建"，然后为新多重引线样式选择描述性的名称。单击"内容"选项卡，选择"块"，然后单击"详细信息标注"（图1.113）。

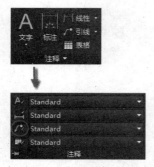

图1.112   通过命令输入创建多重引线

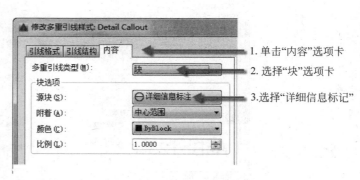

图1.113   创建详细信息标注

注：与文字样式一样，创建一个或多个多重引线样式后，将它们保存在图形样本文件中。

第十一节　标　　注

创建多种类型的标注，并按名称保存标注设置。

图 1.114 是将建筑标注样式与英制单位一起使用的几种标注类型的样例。

一、线性标注

可以使用 DIM 命令创建水平、垂直、对齐和半径标注。标注的类型取决于选择的对象和拖动尺寸线的方向（图 1.115）。

如图 1.116 演示了使用 DIM 命令的一种方法。一旦启动该命令，请按 Enter 键或空格键，选择直线 1，然后单击尺寸线 2 的位置。

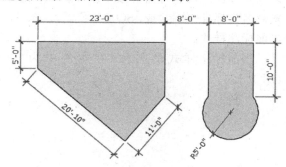

图 1.114　样例标注

图 1.115　线性标注

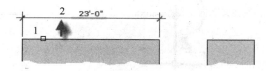

图 1.116　DIM 命令

对于图 1.117 中的 8′—0″标注，可以使用其他方法。启动 DIM 命令，单击两个端点（1 和 2），然后单击两条尺寸线 3 的位置。若要使尺寸线排成一行，需将点 3 捕捉到之前创建的尺寸线的端点。

提示：如果点 1 和点 2 不在同一水平线上，请按住 Shift 键以强制使尺寸线变为水平线。此外，如果要标注的建筑或零件位于某个角度上，则请输入 DIMROTATED。

使用 DIM 命令，通过以非水平或垂直的角度拖动尺寸线来创建标注（图 1.118）。

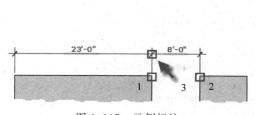

图 1.117　示例标注

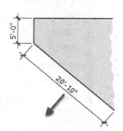

图 1.118　示例标注

提示：因为容易意外捕捉到错误的部件或标注对象的一部分，所以应确保放大到足够大以避免混淆。

二、修改标注

对于标注的简单调整，使用夹点是最快的方法。

在此样例中，选择标注以显示其夹点。接下来，单击标注文字上的夹点并将其拖动到新位置,或者单击尺寸线端点上的一个夹点,然后拖动尺寸线(图 1.119)。

提示:如果更改比此操作更复杂,则删除然后重新创建标注可能会更快。

三、标注样式

标注样式有助于建立和执行绘图标准。可以使用 DIMSTYLE 命令设定许多标注变量,以控制标注外观和行为的微妙差异。所有这些设置都存储在每个标注样式中。将默认标注样式命名为标准(英制)或 ISO-25(公制)。系统将它指定给所有标注,直到将另一个样式设定为当前标注样式。

当前标注样式的名称(在本例中为"漫游")将显示在"注释"面板的下拉列表中(图 1.120)。

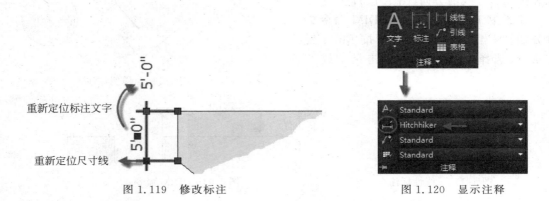

图 1.119　修改标注　　　　　　　　　图 1.120　显示注释

若要打开"标注样式管理器",请单击指示的按钮。用户可以创建几乎匹配任何标准的标注样式,但需要花费时间来完全指定它们。出于此原因,应该保存在一个或多个图形样板文件中创建的任何标注样式(图 1.121)。

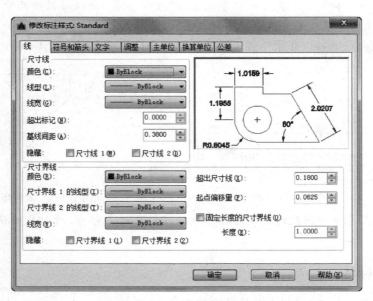

图 1.121　标注样式管理器

四、建议

- 当保存标注样式时,请选择一个描述性的名称。
- 如果适用,请就现有的标注样式标准和图形样板文件与 CAD 管理员进行核对。

第十二节　打　　印

将图形布局输出到打印机、绘图仪或文件。保存和恢复每个布局的打印机设置。

最初,人们从打印机打印(print)文字并从绘图仪打印(plot)图形。现在,可以使用其中的任意方式来执行这两种操作。因此本书还像其他任何人所做的一样,互换使用这两个打印术语(print 和 plot)。

用于输出图形的命令为 PLOT,可以从"快速访问"工具栏对其进行访问(图 1.122)。

若要在"打印"对话框中显示所有选项,请单击"更多选项"按钮(图 1.123)。

图 1.122　快速访问

图 1.123　"更多选项"按钮

如图 1.124 所示,有大量的可供使用的设置和选项。

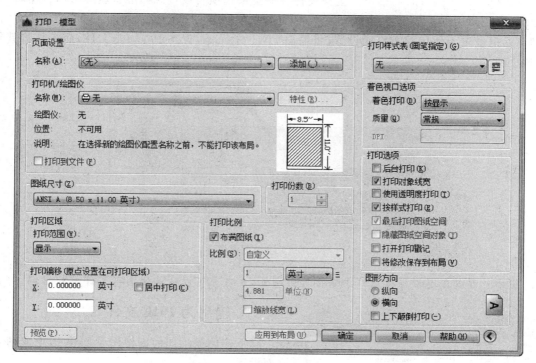

图 1.124　其他设置和选项

为方便起见,可以按名称保存和恢复这些设置的集合,称为页面设置。使用页面设置可以存储不同的打印机所需的设置,例如,以灰度打印、从图形创建 PDF 文件等。

一、创建页面设置

若要打开"页面设置管理器",请在"模型"选项卡或布局选项卡上右击,然后选择"页面设置管理器"。(该命令为 PAGESETUP)

图形中的每个布局选项卡都可以具有关联的页面设置。当使用多个输出设备或格式时,或者如果在同一图形中有多个不同图纸尺寸的布局时,这样会很方便(图 1.125)。

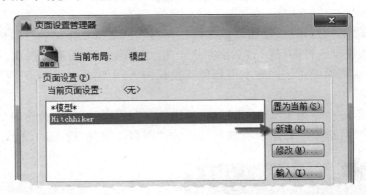

图 1.125　关联页面设置

若要创建新的页面设置,请单击"新建"并输入新页面设置的名称。接下来显示的"页面设置"对话框类似于"打印"对话框。选择要保存的全部选项和设置。当准备就绪可以打印时,只需在"打印"对话框中指定页面设置的名称,即可恢复所有打印设置。如图 1.126 所示,将"打印"对话框设置为使用漫游页面设置,将输出 DWF(Design Web Format)文件,而不是将其打印到绘图仪。

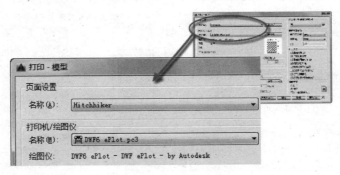

图 1.126　漫游页面设置

提示:可以在图形样板文件中保存页面设置,或者也可以从其他图形文件输入它们。

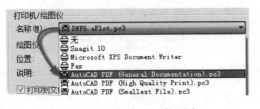

图 1.127　打印机下拉列表

二、输出为 PDF 文件

以下样例显示如何创建用于创建 PDF 文件的页面设置。

在"打印机/绘图仪"下拉列表中(图 1.127),选择"AutoCAD PDF(常规文档).pc3"。

接下来,选择要使用的尺寸和比例选项。

- 图纸尺寸。方向(纵向或横向)已内置于下拉列表的选项中。
- 打印区域。可以使用这些选项剪裁要打印的区域,但通常会打印所有区域。
- 打印偏移。此设置会基于打印机、绘图仪或其他输出而进行更改。尝试将打印居中或调整原点,但请记住,打印机和绘图仪在边的周围具有内置的页边距。
- 打印比例。从下拉列表中选择打印比例。比例(例如 $1/4''=1'-0''$)表示用于打印到"模型"选项卡中的比例。在布局选项卡上,通常以 1∶1 比例进行打印。

打印样式表提供有关处理颜色的信息。在监视器上看上去正常的颜色可能不适合 PDF 文件或不适合打印。例如,可能要创建彩色图形,但却创建单色输出。图 1.128 所示操作是指定单色输出的信息。

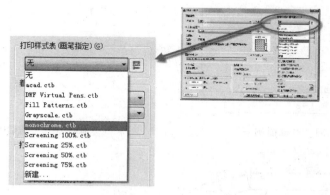

图 1.128　创建单色输出

提示:始终使用"预览"选项仔细检查设置(图 1.129)。
生成的"预览"窗口包含具有多个控件(包括"打印"和"退出")的工具栏(图 1.130)。

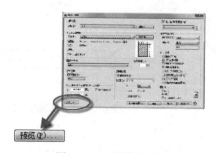

图 1.129　预览功能　　　　　　　　图 1.130　控件工具栏

对打印设置满意之后,请将其保存为具有描述性名称(如"PDF-单色")的页面设置。然后,无论何时要输出为 PDF 文件,需要做的所有操作只是单击"打印"、选择"PDF-单色"页面设置,然后单击"确定"按钮。

三、建议

- 如果要共享图形的静态图像,可以从图形文件输出 PDF 文件。
- 如果要包括图形中的其他数据,请改为使用 DWF(Design Web Format)文件。
- 如果要和位于不同位置的人同时查看 AutoCAD 图形文件,请考虑使用 AutoCAD A360、AutoCAD 360Web 和移动应用程序(可从 Autodesk 网站下载)。

第十三节　制　图　作　业

一、基础绘图

如图 1.131～图 1.135 为基础绘图图例。

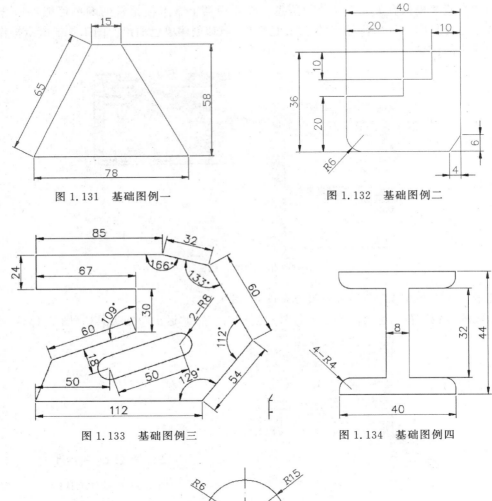

图 1.131　基础图例一

图 1.132　基础图例二

图 1.133　基础图例三

图 1.134　基础图例四

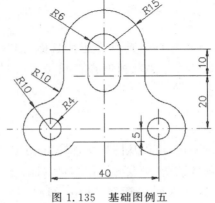

图 1.135　基础图例五

二、进阶绘图

如图 1.136～图 1.140 为进阶绘图图例。

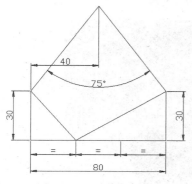

图 1.136　进阶图例一

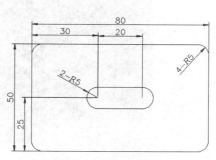

图 1.137　进阶图例二

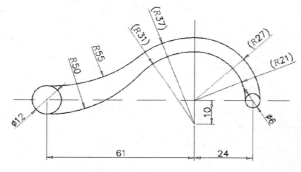

图 1.138　进阶图例三

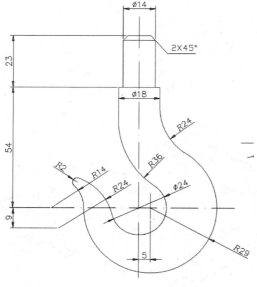

图 1.139　进阶图例四

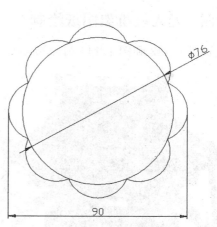

图 1.140　进阶图例五

三、无人机机架图纸修改

如图 1.141 和图 1.142 为无人机机架图纸修改。

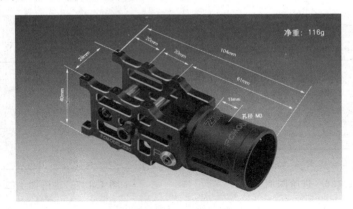

图 1.141　实物参照

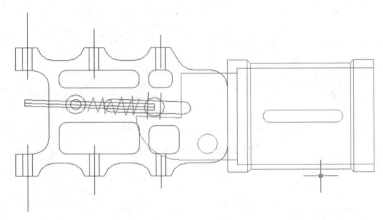

图 1.142　制图

四、无人机机架图纸绘制

如图 1.143 和图 1.144 为绘制无人机机架。

图 1.143　实物参照图

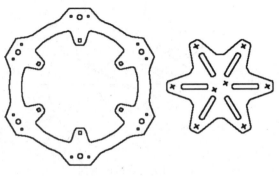

图 1.144　绘图

第 二 章

CO_2 激光切割机操作

CO_2 激光切割机(以下简称光切机)是无人机设计、生产中接触到的第一款操作设备。光切机功能强大、操作简单,可以识别第一章节中教授的 CAD 软件所绘制的 DXF、DWG 格式图纸;可以切割 2.0mm 以下玻璃纤维、4.0mm 以下椴木等板材。

第一节　光切机设备简介

主要用于将板材切割成所需形状工件的激光加工机床,也是利用激光束的热能实现切割的设备。

非金属激光打标领域常见的有固体激光打标机和气体激光打标机(CO_2 激光切割机)。非金属激光切割机一般靠激光电源带动激光管发光,通过几个反光镜的折射,使光线传输到激光头,再由激光头上安装的聚焦镜将光线汇聚成一点,而这一点可以达到很高的温度,从而将材料瞬间升华为气体,由抽风机吸走,这样就达到切割的目的;一般激光切割机使用的激光管内填充的主要气体为 CO_2,因此这种激光管称为 CO_2 激光管,使用这种激光管的激光切割机称为 CO_2 激光切割机(以下简称光切机)。

光切机是机电一体化高度集成设备,技术含量高,加工精度好,柔性化生产效率高,有利于增加材料的利用效率,降低生产加工成本,降低技工的劳动强度,且激光切割机加工精度的高低很大程度取决于整机设计中机械关键部件的设计。光切机主要用于将板材切割成所需形状工件的激光加工机床,利用激光束的热能实现切割。

CO_2 激光切割是由激光器所发出的水平激光束经 45° 全反射镜变为垂直向下的激光束,后经透镜聚焦,在焦点处聚成一极小的光斑,光斑照射在材料上时,使材料很快被加热至汽化温度,蒸发形成孔洞,随着光束对材料的移动,并配合辅助气体(二氧化碳、氧气、氮气等)吹走熔化的废渣、汽化的气体,使孔洞连续形成宽度很窄的(如 0.1mm 左右)切缝,完成对材料的切割(图 2.1)。

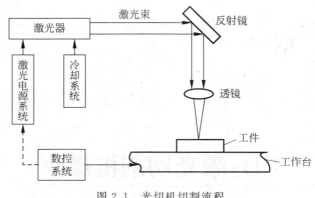

图 2.1　光切机切割流程

第二节　光切机的组成

（1）机床主机部分：激光切割机机床部分，实现 X、Y、Z 轴运动的机械部分，包括切割工作平台。

（2）激光发生器：产生激光光源的装置。

（3）外光路：折射反射镜，用于将激光导向所需要的方向。

（4）数控系统：控制机床实现 X、Y、Z 轴的运动，同时也控制激光器的输出功率。

（5）稳压电源：连接在激光器，数控机床与电力供应系统之间。

（6）切割头：主要包括腔体、聚焦透镜座、聚焦镜、电容式传感器和辅助气体喷嘴等零件。

（7）操作台：用于控制整个切割装置的工作过程。

（8）冷水机组：用于冷却激光发生器

（9）气瓶：包括激光切割机工作介质气瓶和辅助气瓶，用于补充激光震荡的工业气体和供给切割头用的辅助气体。

（10）空压机、储气罐：提供和存储压缩空气。

（11）空气冷却干燥机、过滤器：用于向激光发生器和光束通路供给洁净的干燥空气，以保持通路和反射镜的正常工作。

（12）抽风除尘机：抽出加工时产生的烟尘和粉尘，并进行过滤处理，使废气排放符合环境保护标准。

（13）排渣机：排除加工时产生的边角余料和废料等。

第三节　光切机的使用步骤

一、面板介绍

光切机主要按钮如图 2.2 所示。

二、操作步骤

（1）固定切割材料。将需要切割的材料固定在激光切割机的工作台面上。

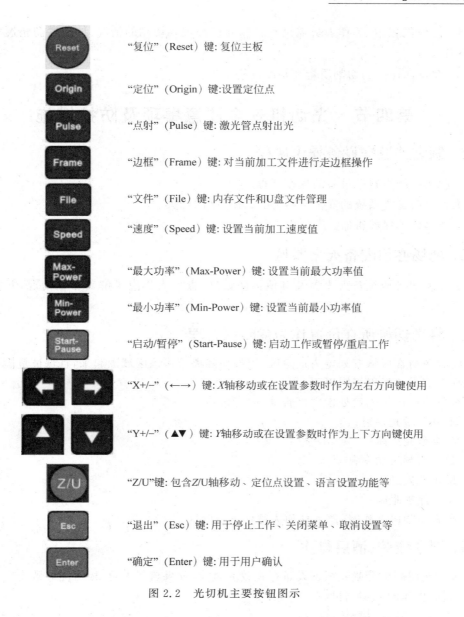

"复位"（Reset）键：复位主板

"定位"（Origin）键：设置定位点

"点射"（Pulse）键：激光管点射出光

"边框"（Frame）键：对当前加工文件进行走边框操作

"文件"（File）键：内存文件和U盘文件管理

"速度"（Speed）键：设置当前加工速度值

"最大功率"（Max-Power）键：设置当前最大功率值

"最小功率"（Min-Power）键：设置当前最小功率值

"启动/暂停"（Start-Pause）键：启动工作或暂停/重启工作

"X+/–"（←→）键：X轴移动或在设置参数时作为左右方向键使用

"Y+/–"（▲▼）键：Y轴移动或在设置参数时作为上下方向键使用

"Z/U"键：包含Z/U轴移动、定位点设置、语言设置功能等

"退出"（Esc）键：用于停止工作、关闭菜单、取消设置等

"确定"（Enter）键：用于用户确认

图 2.2　光切机主要按钮图示

（2）根据板材的材质及厚度，对设备的参数进行相应的调整。

（3）选择合适的镜片与喷嘴，并对其进行开机前的检查，检查其完好情况及清洁情况。

（4）调节焦点，将切割头调到合适的焦点位置。

（5）检查及调整喷嘴居中。

（6）切割头传感器标定。

（7）选择合适的切割气体并检查其喷出状态是否良好。

（8）尝试切割材料，材料切割好后检查切割端面是否光滑，并进行切割精度的校验，如果有误差便对设备参数进行相应的调整，直至打样符合要求。

（9）进行工件图纸的编程并进行相应的排版，导入设备切割系统。

（10）调整切割头的位置，走边框，确认无误后开始切割。

(11) 操作过程中,工作人员需全程在场并仔细观察切割的情况,如有紧急情况需迅速反应,按下急停键。

(12) 对首件样品的切割质量和精度进行检查。

第四节　光切机安全注意事项及防护措施

一、制定并遵守设备操作规程

(1) 制定并严格遵循设备的操作规程。

(2) 开机前检查系统的安全设施,尤其是光闸的开关。

(3) 及时维护保养机器。

二、现场必须配备灭火器械

激光切割机旁应配备灭火器及其他消防设施,操作人员应了解其布置情况,并掌握使用方法。

三、将光切机所在位置作为危险区管理

应将设备所在区域安划定为危险区,用伸缩隔离带将该区域围起来,且保证危险区外泄漏的激光在一类可达发射极限以下。

应在危险区的出入口处设立警告牌,内容包括:

- 不可见激光辐射;
- 四类激光产品;
- 激光切割机功率;
- 禁止外人进入;
- 注意保护眼睛;
- 激光切割机工作时,严禁任何人员接近危险区。

四、严禁疲劳、酒后操作

使用激光切割机等激光加工设备存在较大风险,如果疏忽大意,极可能导致伤害,因此,严禁疲劳、酒后操作激光切割机。

五、严禁直视激光束

IPG 光纤激光器的激光束波长 $0.98\mu m$(980nm),位于光谱上的红外辐射范围,是不可见光。由于不可见,很容易被忽视,对眼睛可造成伤害。绝对禁止直视光路!

六、运行过程中严禁打开激光器的机罩

在激光器运行过程中,严禁打开激光器机罩。

封闭式光纤激光切割机,在整个运行过程中,严禁打开防护门。

七、严禁佩戴金属物品进行维修操作

无维修资格者,严禁对激光器进行维修或调整。

维修或调整激光器时,严禁佩戴金属饰品或物品(如戒指、手镯、手表、耳环、金属皮带扣

等),否则可能引起触电。

激光器和光导系统的维修调整是极度危险的工作。为了防止发生意外,禁止单独维修操作,应"两人同行"。

八、严禁在无靶材时输出激光束

禁止无靶材时输出激光束。否则,激光束直接照射到设备上可能引起设备或人身事故。

九、严禁在激光切割机加工区堆放易燃物品

严禁在激光切割机附近堆放纸张、油布、油品等易燃物品。

采用氧气作为切割辅助气体时,材料表面不得有油污。否则,极易酿成火灾。

十、严禁在机器工作时进入危险区

激光切割机的危险区是整个工作台,如果是敞开式工作台,则向外延伸 500mm。加工区为主要危险区。在此区域内,运动的横梁可能对人体产生冲击;运动的横梁与固定的床身、门、底座可能挤压人体;尖锐物体或针状的支承顶针可能刺伤、扎伤人体;高功率密度的激光可能对人体造成致命伤害。

十一、工作区保持通风、整洁、照明良好

激光切割机工作区应保证良好的通风,以利于散发有害气体(如由于管路爆裂或气瓶泄漏而溢出的氮气)。保证加工过程中的有害气体和物质及激光工作气体充分排放到室外。

气瓶均应放入气瓶架内,尽可能靠墙安放,稳固、整齐。

在激光安全管理区域内,应保证良好的照明。

十二、穿戴防护镜和防护服

激光切割机的操作者或在激光使用期间接近激光的人员,应佩戴合适的防护镜(应带有侧罩,且与相应激光波长相对应)。佩戴防护镜的目的在于避免眼睛暴露在可能的激光辐射中,防止切割过程产生的金属飞溅物、因镜片炸裂飞进而出的碎片、因高压管路爆裂进出的碎片伤害眼睛。

十三、钥匙管理

操作者离开激光切割机时,应取下设备控制电源的开关钥匙和激光器钥匙,以防止其他人员误用。

十四、妥善处理损坏的光学器件

聚焦镜和反射镜及其涂层,当加热过度或受到其他损伤时,会生成有毒物质。处理时,要佩戴乳胶手套,切勿徒手接触。损坏透镜不能按常规废物处理,应交给专业机构处理。

第五节 光切机的日常维护

(1)双焦距激光切割头是激光切割机上的易损物品,长期使用,可能导致激光切割头损坏。

(2)每 6 个月检查激光切割机轨道的直线度及机器的垂直度,发现不正常及时维护调试。

注:若不及时维护调试,有可能切割出来的效果就不好,误差会增加,影响切割质量。这

个是重中之重,必须要做的。

(3) 每周一次用真空吸尘器吸掉机器内的粉尘和污物,所有电器柜应关严防尘。

(4) 经常检查激光切割机钢带,一定保证拉紧。否则在运行中出了问题,有可能就会伤害到人,严重时还能导致人员死亡。

(5) 激光切割机各导轨应经常清理,清除粉尘等杂物,保证设备正常,齿条要经常擦拭,加润滑油,保证润滑而无杂物。导轨要经常进行清理和上润滑油,另外,电机也要经常进行清理和上润滑油,机器在行进中才能更好地走位,更准确地切割,切割出来的产品质量才会提高。

以上这五点使用技巧是在实际使用中一点一滴总结出来的,具有很高的操作性。当然,技巧与实际情况还是有一定的区别的,在使用时还要兼顾实际情况,一切从实际出发。

第六节　光切机的常见问题

激光切割加工木质材料时会燃烧么?

会的,激光切割加工木质材料过程实际是一种升华过程,然而,这一效果并不坏并且在很多时候正是我们所需要的,准确地聚焦、选择合适的激光加工参数、选用合适的光学镜片并适当应用压缩空气让木质材料获得最佳的激光切割与雕刻效果。

是否任何类型的木质材料都可用于激光加工?

由于木质材料是天然材料,激光用户在木质材料激光加工过程中需要考虑密度、树脂成分等因素,软质木质材料,如巴尔沙木等在激光切割加工过程中只需要较低的能量并用较快的速度进行加工;相反,硬质木材,如高密度木材在激光加工过程中则需要更高的激光功率;对于MDF,由于其包含胶合木纤维,建议在激光加工过程中使用压缩空气。

木质材料的激光雕刻效果始终是深色的吗?

激光雕刻加工木质材料时一般会得到棕色的标记,当激光雕刻加工上过漆的木质材料时,使用合适的激光加工参数,也可以得到白色的激光雕刻效果。在此应用中,建议使用较低激光功率并进行高速度加工。

如何达到深黑色的激光雕刻效果?

通过 $0.5 \sim 2\text{mm}$ 的离焦,激光光斑直径将变得更大,激光的能量密度下降,由此,可以达到深色的激光雕刻效果,但同时图形的细节部分有可能无法显现。

怎么处理在激光加工区域产生的烟尘?

激光对木质材料的切割加工实际是一个升华的过程,也就是说,固体材料在激光作用下被氧化燃烧转变为气态。

第七节　光切机的光路调整

一、调整光路的原因

激光切割机自身采用的是飞行式光路系统,在长期工作时,光路会发生偏差,对切割效果有很大的影响。所以,定时检查光路以及调整是非常必要的工作。调整激光切割机光路之前,要对其中激光管、反射镜架以及聚焦镜有足够的认识。

（一）反射镜架 A（图 2.3）

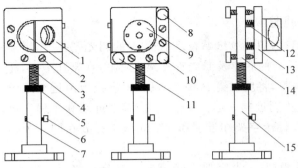

图 2.3　反射镜架 A

1—光靶放置；2—反射镜；3—拉簧锁紧螺丝；4—调节螺杆；5—调节螺母；6—锁紧螺丝 a；7—锁紧螺丝 b；8—调节螺丝 M1；9—反射镜锁紧片；10—调节螺丝 M；11—调节螺丝 M2；12—拉簧；13—反射镜安装板；14—支撑板；15—底座

（二）反射镜架 B（图 2.4）（除其安装底板与 A 镜架不同外其余相同）

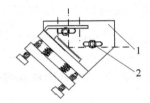

图 2.4　反射镜架 B

1—安装底板（可左右移动）；2—锁紧螺丝

（三）反射镜架 C（图 2.5）

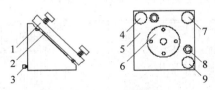

图 2.5　反射镜架 C

1—反射镜调整板；2—反射镜；3,8—锁紧螺丝；4—调节螺丝 M1；5—反射镜调整板；6—反射镜压紧板；7—调节螺丝 M；9—调节螺丝 M2

（四）聚焦镜（图 2.6）

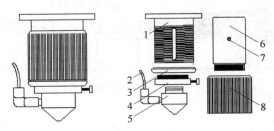

图 2.6　聚焦镜

1—聚焦镜内筒；2—进气管；3—限位螺圈；4—气嘴过渡套；5—气嘴；6—镜筒；7—限位螺丝；8—调节套筒

二、调整激光切割机光路的方法

(一)四道光路调整

(1)第一道光的调整,用美纹纸贴在反射镜 A 的调光靶孔上,手动点动出光(注此时功率不要太大),微调反射镜 A 的底座及激光管支架,使光打在靶孔中心,注意光不能被挡。

(2)第二道光的调整,将反射镜 B 移至远程,用硬纸板由近至远出光,把光导进十字光靶里,因为远程光在靶里边则近端一定在靶里边,接着把近端和远程光斑调为一致,即近端怎么偏,远程也跟着怎么偏,使十字架在近端和远程光斑中都处在同一个位置(即近视和远视),说明光路与 Y 轴导轨平行。

(3)第三道光的调整(注:十字架将光斑左右对分),将反射镜 C 移至远程,把光导进光靶,在进端与远程各打靶一次,对比十字架的位置调成跟近端光斑中十字架的位置一样,这时表明光束与 X 轴平行。此时光路偏里或偏外,则需将镜架 B 上的 M1、M2、M3 同松或同紧,直至左右对分。

(4)第四道光的调整,用一块美纹纸粘在出光口上,使出光孔在胶纸上留下一个圆形痕迹,点动出光,取下胶纸观察小孔位置,视情况调节镜架 C 上的 M1、M2、M3 直至光斑圆且正为止。

(二)焦距的测量方法

用激光切割机厂家配的焦距尺,将喷嘴上下升降放在焦距尺的数字 5 上面,此时的光是最亮最强的,然后紧锁螺丝。

第八节 实 操 作 业

根据已有图纸,加工切割无人机所需零部件(图 2.7)。

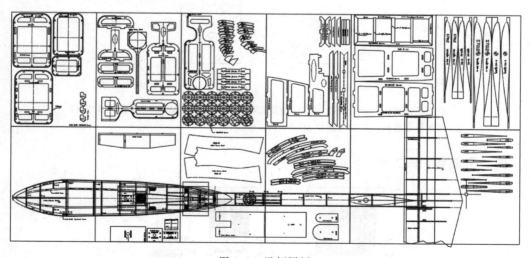

图 2.7 示例图纸

第 三 章

雕刻机操作练习

数控雕刻机(以下简称雕刻机)是无人机设计、生产中接触到的第二款操作设备。雕刻机功能强大、操作简单,可以识别第一章中教授的 CAD 软件所绘制的 DXF、DWG 格式图纸;既可平面切割 5.0mm 及以下碳纤维板材,也可以立体雕刻生产中所需的无人机制作模具,是无人机企业生产、制作中不可或缺的一种仪器。

第一节　数控技术的基本概念

数字控制(numerical control technology,NC)是一种利用数字脉冲的形式对某一工作过程发出指令并实现自动控制的技术。

数控系统(numerical control system)是采用了数字控制技术的自动控制系统。

数控机床(numerical control machine tools)是采用数字控制技术对机床地加工过程进行自动控制的一类机床。数控机床是一种装有程序控制系统(数控系统)的高效自动化机床,是数控技术应用的典型例子。

第二节　数控机床最早的起源

数控机床是在机械制造技术和控制技术的基础上发展起来的,其过程大致如下:1948年,美国帕森斯(Parsons)公司接受美国空军的委托,研制直升机螺旋桨叶片检验用的轮廓样板。由于该样板形状复杂多样,精度要求高,一般的加工设备难以适应,于是提出了采用数字脉冲来控制机床的设想。1949 年,该公司与美国麻省理工学院(MIT)开始共同研究,于 1952年试制成功世界上第一台三坐标数控铣床。经过 3 年的试用、改进与提高,数控机床于 1955年进入实用化阶段。从此,其他一些国家,如德国、英国、日本和苏联等国都开始研制数控机床,其中日本发展最快。

数控机床的操作系统品种多样,当今世界著名的数控系统厂家有日本的法那克

(FANUC)公司、德国的西门子(SIEMENS)公司、美国的 AB 公司等。1959 年,美国的 Keaney&Trecker 公司成功开发了具有刀库、刀具交换装置、回转工作台装置的数控机床,可以在一次装夹中对工件的多个面进行多工序的加工。至此,数控机床的新一代类型——加工中心(machining center)诞生了,加工中心的诞生标志着数控机床进入了一个新的阶段。

第三节　数控机床的特点

数控机床对零件的加工过程,是严格按照加工程序所规定的参数及动作执行的。它是一种高效能自动或半自动机床,与普通机床相比,具有以下明显的特点。

(1) 适合复杂异形零件的加工。数控机床可以完成普通机床难以完成或根本不能加工的复杂零件的加工,因此在宇航、造船、模具等加工业中得到广泛应用。

(2) 加工精度高。

(3) 加工稳定可靠。实现计算机控制,排除人为误差,零件加工一致性好,质量稳定可靠。

(4) 高柔性。加工对象改变时,一般只需要更改数控程序,体现出很好的适应性,可大大节省生产准备时间。在数控机床的基础上,可以组成具有更高柔性的自动化制造系统——FMS。

(5) 高生产率。数控机床本身的精度高、刚性大,可选择有利的加工用量,生产率高,一般为普通机床的 3~5 倍,对某些复杂零件的加工,生产效率可以提高十几倍甚至几十倍。

(6) 劳动条件好。机床自动化程度高,操作人员劳动强度大大降低,工作环境较好。

(7) 有利于管理现代化。采用数控机床有利于向计算机控制与管理生产方面发展,为实现生产过程自动化创造了条件。

(8) 投资大,使用费用高。

(9) 生产准备工作复杂。由于整个加工过程采用程序控制,数控加工的前期准备工作较为复杂,包括工艺确定、程序编制等。

(10) 维修困难。数控机床是典型的机电一体化产品,技术含量高,对维修人员的技术要求很高。

第四节　数控机床的种类

从 1952 年美国研制成功世界上第一台数控铣床到现在,数控机床经历了 60 多年的更新发展,它的功能越来越完善,种类也更加齐全。按其工艺用途,可分为数控车床、数控铣床、数控钻床、数控镗床、数控磨床、数控冲床、加工中心、数控电火花加工机床、数控线切割机床、数控激光加工机床、数控三坐标测量机等(图 3.1)。

一、数控车床

数控车床可自动完成内外圆柱面、圆锥面、成形表面、螺纹和端面等工序的切削加工(图 3.2)。

二、数控铣床

铣削加工是机械加工中最常用的加工方法之一,主要包括平面铣削和轮廓铣削,也可以对零件进行钻、扩、铰、镗加工及螺纹加工等(图 3.3~图 3.5)。

图 3.1 一种数控机床

图 3.2 数控机床加工的产品

图 3.3 数控铣床

图 3.4 铣床加工的产品(一)

图 3.5 铣床加工的产品(二)

三、数控线切割

数控线切割属于特种机床,可实现通孔、冲模、样板、细缝槽、形状复杂零件的加工(图 3.6 和图 3.7)。

四、数控雕刻机

数控雕刻机主要用于工号牌、科室牌的双色板雕刻、有机密度板、PVC 切割及有机靠模、工艺品雕刻等（图 3.8～图 3.10）。

图 3.6　数控线切割特种机床

图 3.7　数控线切割特种机床作品

图 3.8　一种数控雕刻机

图 3.9　数控雕刻机作品示例（一）

图 3.10　数控雕刻机作品示例（二）

第五节　雕刻机的工作原理及应用

计算机雕刻机由计算机、雕刻机控制器和雕刻机主机三部分组成。

工作原理:通过计算机内配置的专用雕刻软件进行设计和排版,并由计算机把设计与排版的信息自动传送至雕刻机控制器中,再由控制器把这些信息转化成能驱动步进电机或伺服电机的带有功率的信号(脉冲串),控制雕刻机主机生成 X、Y、Z 三轴的雕刻走刀路基径。同时,雕刻机上的高速旋转雕刻头,通过按加工材质配置的刀具,对固定于主机工作台上的加工材料进行切削,即可雕刻出在计算机中设计的各种平面或立体的浮雕图形及文字,实现雕刻自动化作业。

应用:计算机雕刻机现已广泛应用于各行业。在广告制作和建筑装潢业中,计算机雕刻机的使用是继计算机刻字制作后的又一次腾飞。计算机雕刻机刻制的双色板制品的市场率越来越高,正进入流行期。

市场对展示标志的品质要求也越来越高。有的制作要求非计算机雕刻莫属。在美国,雕刻机的普及已如同复印机那样,成为许多大公司的必备办公用品,用于公司员工胸牌、座右铭牌等各类标牌的制作。与传统方式相比,计算机雕刻机能更规范、更方便地制作出精美耐久的标牌图案。由于非标加工和多品种、小批量、精细快速加工业务越来越多,而这些加工业务只有采用数控加工设备才能完成,计算机雕刻机是目前能满足上述要求的最廉价的高精度数控设备。另外,各类装饰材料层出不穷,能用于雕刻的材料也越来越多,使计算机雕刻机有了更大的用武之地。

在广告装潢业,近年来已大量采用计算机刻字,而计算机雕刻机的使用则刚刚开始。计算机刻字仅能使用一种刀,加工材料也仅局限于纸和薄膜,只能简单的在纸上切割字及图形轮廓而已。计算机雕刻机则可完成复杂的计算机控制铣削加工过程,可加工的材料达数十种,使用的雕刻刀具达近百种,因此,计算机雕刻机的应用范围还将不断扩大。

计算机雕刻机是 CAD/CAM 一体化典型产品。计算机雕刻机集编辑、排版、雕刻等多功能于一体,能方便快捷地在各种材料(如有机玻璃板,PVC 板,ABS 板,多层板,双色板,泡沫板,印制电路板,高弹性、低熔点类软质章料,橡胶,光导板,金属类、红木、柚木等硬质木材,大理石,汉白玉等)上雕刻出逼真、精致、耐久的二维图形文字及三维立体浮雕。计算机雕刻机作为一种自动加工设备,必须要有专业的集 CAD/CAM 为一体的雕刻软件作为支持。雕刻机在各个领域的深入渗透,对雕刻辅助设计和加工软件提出了越来越高的要求。

第六节　雕刻机控制系统简介

数控系统是雕刻机运动控制系统,该系统可以直接支持 UG、CAXA、MASTERCAM、Art CAM、AUTOCAD、CorelDraw 等多种 CAD/CAM 软件生成的 G 代码、PLT 代码格式和精雕加工文件 ENG 代码格式。

该数控系统除具有手动、步进、自动和回机械原点功能外,还具有模拟仿真、动态显示跟踪、Z 轴自动对刀、断点记忆(程序跳段执行)和回转轴加工等特有的功能。

该系统可以与各种三维雕刻机、三维雕铣机一起使用,适用于各种复杂模具加工、广告装潢、切割等行业。

一、雕刻机软件功能介绍

- 基本配置为三个运动轴,并可以进一步扩充。
- 数控转台支持。
- 自动加工。完整支持 ISO 标准的 G 指令、HP 绘图仪(HP PLT)格式和精雕加工(ENG)格式。
- 手动功能。既支持通过机床输入设备,如手持设备等操纵机床,也内嵌地支持通过计算机输入设备,如键盘、鼠标完成手动操作。
- 增量进给功能。方便用户精确设定进给量,且步长可灵活调整。
- 用户数据输入(MDI)功能。用户可以在线输入 G 指令并立即执行。
- 高级加工指令。只要简单输入几个参数,就可以完成铣底、勾边等功能。
- 单步模式。用户可以把要执行的加工任务设置为单步模式,从而为错误诊断和故障恢复提供了良好的支持。
- 断点记忆、跳段执行等高级自动功能。
- 保存/恢复工件原点功能。
- 进给轴精确回机械原点(参考点)功能。
- 自动对刀功能。这些功能为用户加工提供了极大的方便。
- 进给倍率在线调整。在加工过程中用户可以随时调整进给倍率,最小到 0,相当于暂停加工;最大到 120%。
- 高速平滑速度连接特性。在一般的数控系统中,两条 G 指令之间的连接速度通常是一个固定的值(如等于零或者某一个很小的值)。在新版数控系统中,采用了独有的加工速度自适应预测算法。该算法根据连接速度的大小、方向、最大加速度,以及前向预测功能,自适应地决定当前指令与下一条指令间的衔接速度。不仅大大提高了加工效率(30%~300%),而且改善了加工性能,消除了留在加工表面的速度振纹。
- 三维模拟显示功能。通过简单的操作可以从各个角度观察三维加工结果,从而可以更准确、更直观地对加工结果有所了解。
- 仿真功能。可以对加工程序进行快速仿真加工,可以在极短的时间内完成,同时检查加工程序是否出错,加工结果是否满意,并可以准确地计算出实际加工所需要的时间。
- 强大、灵活的键盘支持。新版本对键盘操作的支持非常强大,满足了用户在操作过程中的需要。
- 日志功能。系统提供了功能强大的日志功能,帮助用户察看详细的加工信息和系统诊断。
- 内置的加工文件管理器。用户只要把加工程序文件保存到指定的目录,Ncstudio™ 就可以在一个内置的管理器中管理这些文件。
- 内置的文件编辑器。用户可以随时把加工文件调入编辑器内进行编辑、修改。
- 文件加工信息。通过仿真或者实际加工,文件加工信息窗口可以帮助用户统计文件执行时间、加工范围等重要信息。
- PCI 总线运动控制卡。

二、操作模式

(一)自动模式

在自动操作模式下,机床运动通过事先准备好的加工程序产生动作。所以在自动模式下,系统必须已经装载加工程序。

（二）点动模式

手动操作模式的一种。在点动模式下,用户通过手动操作设备,如计算机键盘、手持盒、手摇脉冲发生器等控制机床。当用户通过这些设备发出运动信号(如按下手动按钮)时,机床持续运动直至信号消失(如用户松开手动按钮)。

（三）增量模式

手动操作模式的一种。在增量模式下,用户同样是通过手动操作设备,如计算机键盘、手持盒、手摇脉冲发生器等控制机床。与点动控制不同的是,用户一次按键动作,也就是从按下到松开,机床只运动确定的距离。也就是说,通过增量方式,用户可以精确地控制机床的位移量。

（四）MDI 模式

也是一种手动操作模式。在这种模式下,用户可以直接通过输入 G 指令控制机床。系统在某些情况下执行一些内定的程序操作(如回工件原点)时,也会自动把状态切换到 MDI 模式。但并不会影响用户使用。

三、操作状态

（一）空闲状态

这是最常见的状态,在此状态下,机床当前没有动作输出,同时随时准备接受新的任务,开始新的动作。

（二）锁定状态

锁定状态是一种内部状态,一般指出现在状态切换时。所以一般情况下用户接触不到。

（三）紧停状态

这是一种非正常态。机床存在硬件故障或者用户按下"紧停"按钮时,系统进入此状态,并且执行事先规定的保护动作,例如关闭主轴电机、冷却泵等。在此状态下,机床同样被锁定,不能执行任何新的动作。在用户排除硬件故障或者解除紧停开关后,系统自动执行"复位"操作把机床恢复到"空闲"状态。

（四）运行状态

当机床正在执行动作时,系统进入运行状态。

（五）暂停状态

在机床运动时,如果用户执行"操作|暂停"命令,或者系统解析到 M01(等待指令),则系统进入暂停状态,等待用户进一步输入。用户可以通过执行"操作|开始"命令继续执行,也可以执行"停止"或者"复位"指令中止当前操作,使系统进入"空闲"状态。

四、坐标系统

（一）机床坐标系统

坐标系统是描述机床运动的术语。为了统一起见,标准的坐标系统是采用右手法则的坐标系统(图 3.11)。

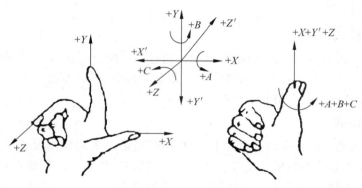

图 3.11　右手法则坐标系统

在铣床类机床中，机床坐标轴的方向取决于机床的类型和各组成部分的布局，对铣床而言，基本坐标轴为 X,Y,Z。

Z 轴与主轴轴线重合，刀具远离工件的方向为正方向（$+Z$）。X 轴垂直于 Z 轴，并平行于工件的装卡面，如果为单立柱铣床，面对刀具主轴向立柱方向看，其右运动的方向为 X 轴的正方向（$+X$）。Y 轴与 X 轴和 Z 轴一起构成遵循右手定则的坐标系统。

（二）机械坐标系

机械坐标系是一套固定的右手坐标系，其坐标原点始终相对于机床的某个固定位置。所以，在任何时候，空间的某个点都可以用机械坐标系唯一地确定。对机械坐标系的完整支持需要机床有相应的回机械参考点功能，否则，机械坐标系的概念只在软件中体现。

（三）工件坐标系

在使用机床加工各种工件时，更多地使用工件坐标系。通常，在工件加工时，我们描述某个加工位置总是相对于工件上的某个点的，而工件在机床上的装夹位置相对于机械原点常常是改变的，因此由必要引入一套在工件加工时更为方便的坐标系统，这就是工件坐标系。工件坐标系也是一套右手坐标系，它的原点是相对于工件上的某个点确定的，相对于机械坐标原点则是可以浮动的。

第七节　雕刻机控制系统操作

一、雕刻机控制系统操作步骤

（1）回机械原点（在任务栏中的操作中有回机械原点）。

（2）定义雕刻原点（定 X 轴 Y 轴 O 点）。

（3）对刀（定 Z 轴 O 点）。

（4）打开并装载（调出要雕刻的文件）。

（5）仿真（模拟）。

（6）调节进给速度（雕刻速度）和调节主轴转速（雕刻速度）。

（7）开始雕刻。

二、雕刻机控制系统注意事项

（1）在雕刻机和软件没有关闭、材料厚度不变、刀具不变的情况下不需要重新对刀。

（2）如重新装上了刀具就要重新对刀才能进行雕刻。

（3）在雕刻机和软件没有关闭，材料没有移动，排版的版面没有改动，雕刻的版面是同一个的情况下不需要重新定义雕刻原点。

（4）在同一个版面里只要是同一种刀具做的路径可以一起输出雕刻。

（5）一般情况下先雕里面的后调外面的，先雕小的后调大的，先雕没有雕通的后雕雕通的。

三、雕刻软件做各种路径对刀具的选择

1．切割路径

一般选择直刀类，切割深度越深就选择刀径越大的直刀，材料越软就选择刀径越大的直刀，要切割的图形越大就选择刀径越大的直刀。

2．二维雕刻路径

一般选择平底尖刀类，要雕刻的图形越大就选择角度越大、刃宽越大的平底尖刀。

3．三维雕刻路径

一般选择中心尖刀类里的三维刀，要雕刻的图形越大就选择角度越大的三维刀。

四、雕刻各种材料对刀具的选择

1．有机玻璃（亚克力）

有机玻璃的切割一般用直刀，板材越厚就用刀径越大的直刀。二维雕刻一般用平底尖刀类，要雕刻的图形越大就选择角度越大、刃宽越大的平底尖刀。三维雕刻一般用中心尖刀类里的三维刀，要雕刻的图形越大就选择角度越大的三维刀。

2．雪浮板（PVC）

切割 PVC 一般也用直刀，板材越厚就用刀径越大的直刀。二维雕刻一般用平底尖刀类，要雕刻的图形越大就选择角度越大、刃宽越大的平底尖刀。三维雕刻一般用中心尖刀类里的三维刀，要雕刻的图形越大就选择角度越大的三维刀。

3．双色板

切割一般用平底尖刀。二维雕刻一般用平底尖刀类，要雕刻的图形越大就选择角度越大、刃宽越大的平底尖刀。

4．木材

切割一般用直刀，板材越厚就用刀径越大的直刀。二维雕刻一般用平底尖刀类，要雕刻的图形越大就选择角度越大、刃宽越大的平底尖刀。三维雕刻一般用中心尖刀类里的三维刀，要雕刻的图形越大就选择角度越大的三维刀。

5．碳纤维板材

切割一般是用玉米铣刀，板材越厚就用刀径越大的玉米铣刀。

第八节　实　操　作　业

通过第三章绘制出的无人机中心板图纸，结合数控雕刻机，雕刻出所需无人机部件（图 3.12 和图 3.13）。

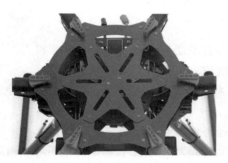

图 3.12 实物参考图

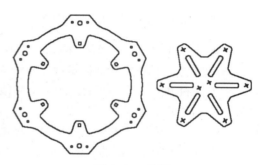

图 3.13 绘图

一、通过 CAD 的矢量文件做零件刀路(实例)

本次实操我们通过 CAD 或其他软件生产的矢量图进行刀路代码的生成,使用的示例文件是光盘中的"示例文件.dfx"。在这个示例中我们将学习台阶孔的产生、全层透孔的产生、钻孔的产生。

(1) 在 CAD 软件中作图(图 3.14)。

(2) 保存为版本尽量低的 dfx 格式文件(图 3.15)。

(3) 打开 ARTCAM(图 3.16)。

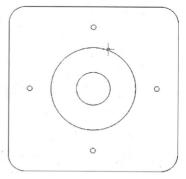

图 3.14 示例文件图

(4) 打开 dxf 文件,软件会自动根据图纸尺寸产生模型尺寸,可以默认,请注意原点的设置,一般矩形的加工区域我们把左下角设置成原点(图 3.17)。

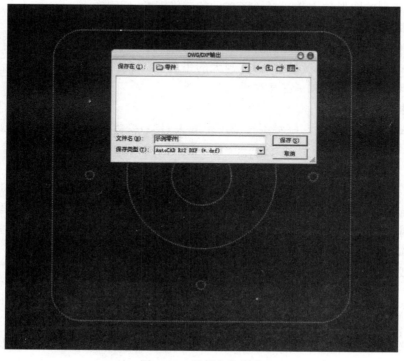

图 3.15 示例文件格式

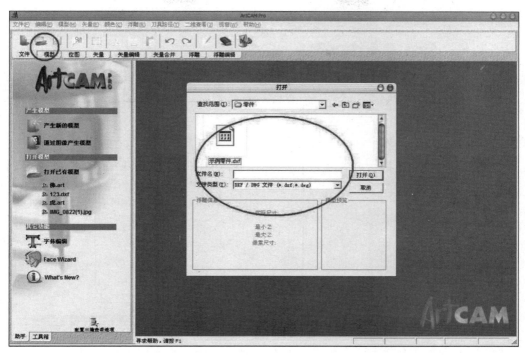

图 3.16　打开 ARTCAM

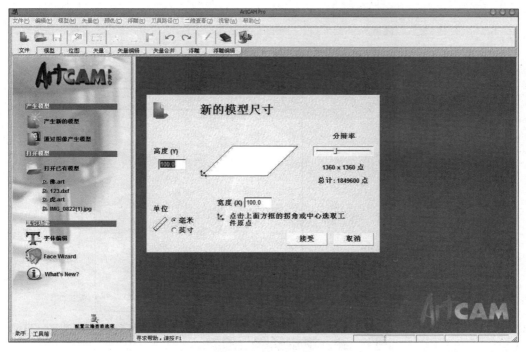

图 3.17　打开文件

（5）在二维模式下查看（图 3.18）。

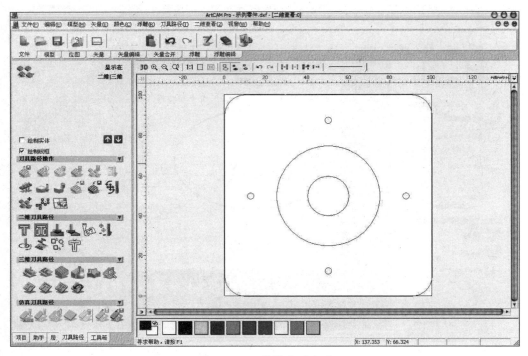

图 3.18　二维模式下查看

（6）先选中中心的圆，此时变成粉色，在右侧二维刀具路径中选"二维轮廓加工"（图 3.19）。

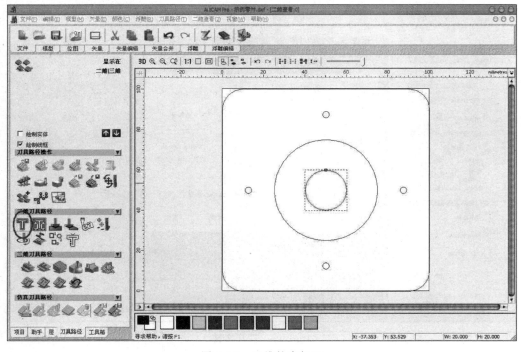

图 3.19　二维轮廓加工

（7）本例中选用 8mm 的厚度示例（图 3.20～图 3.22）。

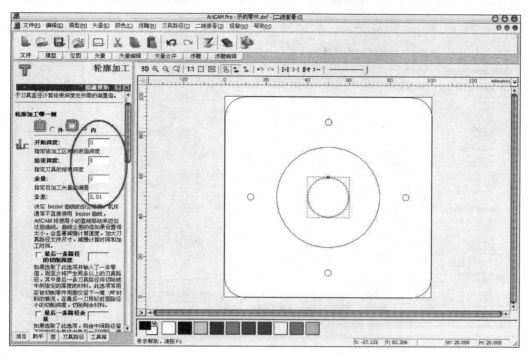

图 3.20　结束深度

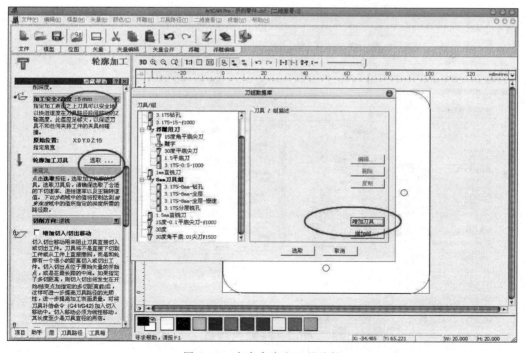

图 3.21　安全高度和刀具选择

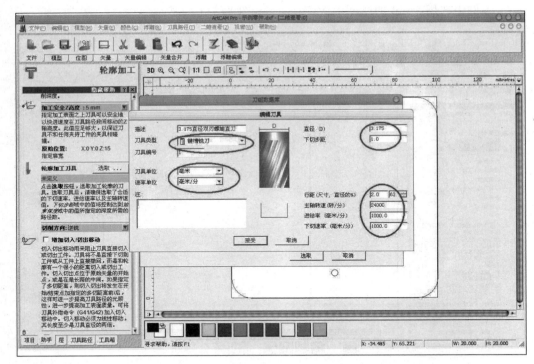

图 3.22　刀具类型及速度

（8）原有的英文刀具请全部删除，然后建立新的刀具（图 3.23 和图 3.24）。

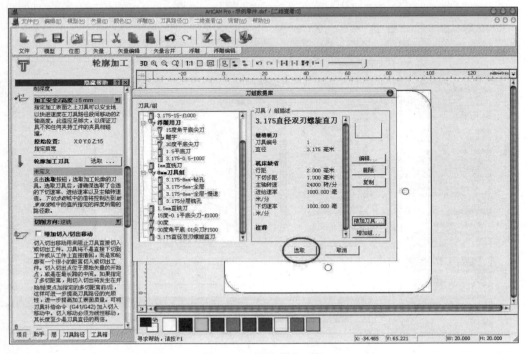

图 3.23　删除英文刀具

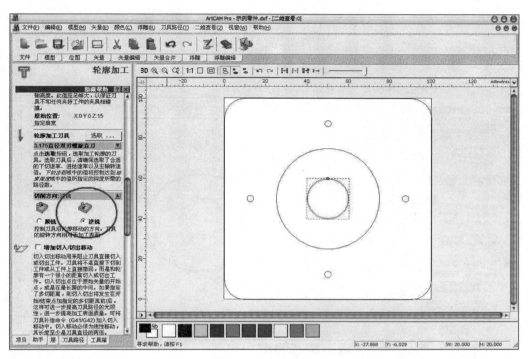

图 3.24 方向选择

（9）定义材料的厚度为 8mm，上表面作为零点（图 3.25）。

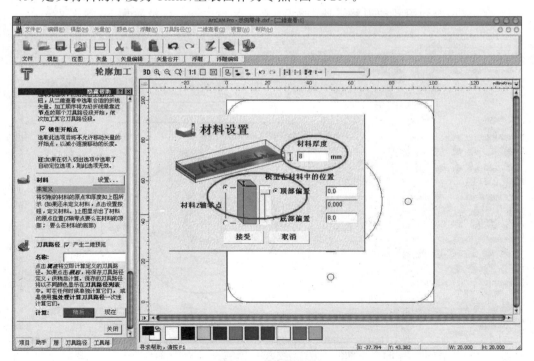

图 3.25 厚度设置

（10）给这个刀路编号命名，请养成良好的命名习惯，单击"现在"后产生一个刀路（图3.26）。

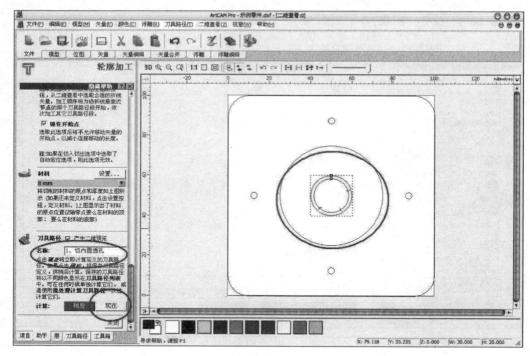

图3.26　刀路编号命名

（11）生成一个台阶孔的刀路。选中大圆，在工具栏中选二维清除加工（图3.27）。

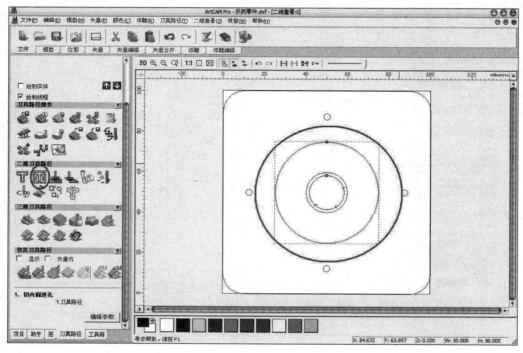

图3.27　二维清除加工

（12）这个孔是个台阶孔，深度是 4，单位默认（图 3.28）。

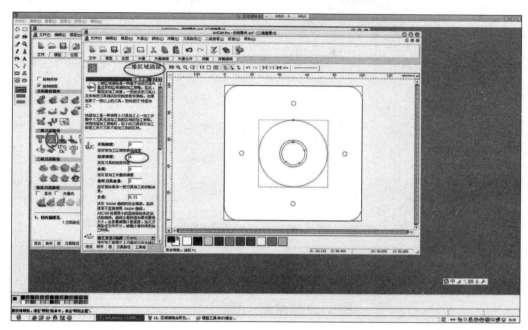

图 3.28　台阶孔深度

（13）依然选取用上次建立的刀具（图 3.29 和图 3.30）。

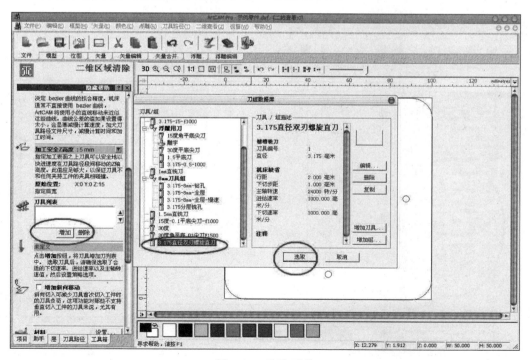

图 3.29　选取刀具

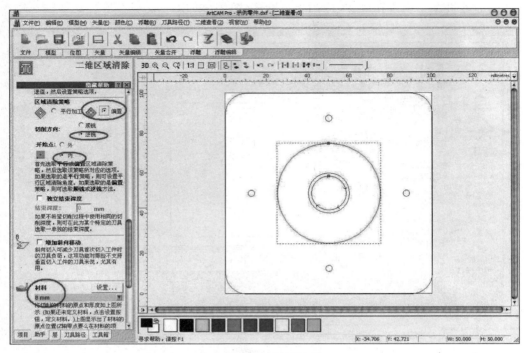

图 3.30　材料设置

（14）增加斜向移动对用侧刃加工的铣刀很有用，请仔细阅读帮助（图 3.31）。

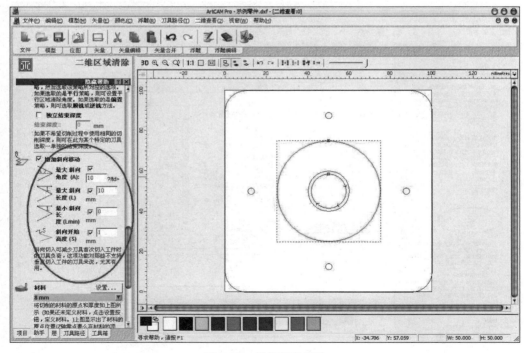

图 3.31　增加斜向运动

（15）生成一个台阶孔刀路（图 3.32）。

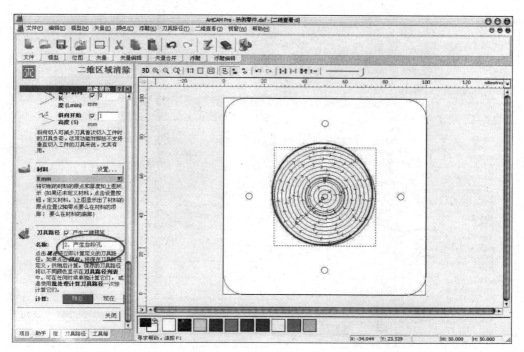

图 3.32　生成台阶孔刀路

（16）设置钻孔。按住 Shift 键选中所有需要钻孔的矢量圆，在工具栏中选钻孔工具（图 3.33）。

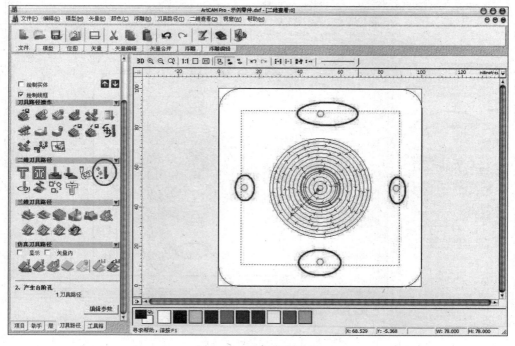

图 3.33　选择钻孔工具

（17）新定义一个钻孔刀具（图3.34）。

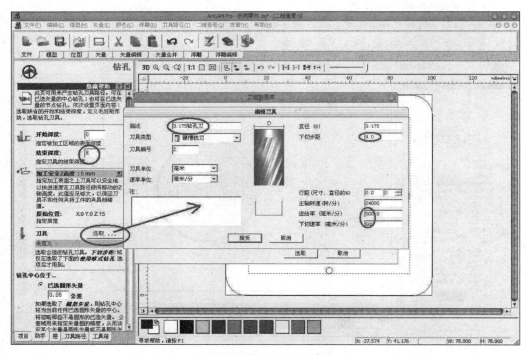

图3.34　新定义钻孔刀具

（18）为了便于排屑，可以选择啄式钻孔（图3.35）。

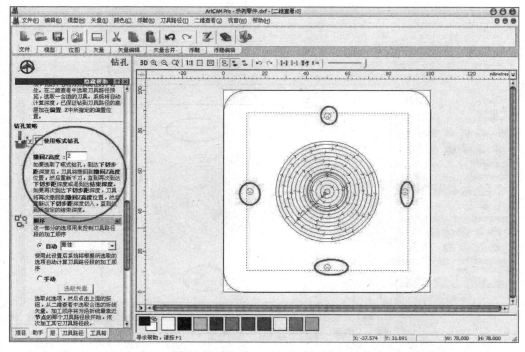

图3.35　选择啄式钻孔

（19）产生钻孔刀路（图 3.36）。

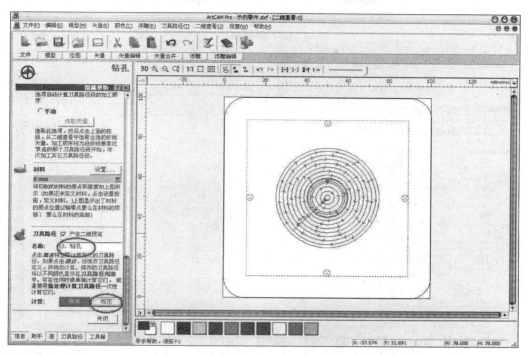

图 3.36 产生钻孔刀路

（20）设置切割外轮廓。先选中外轮廓，在工具栏中选二维轮廓加工（图 3.37）。

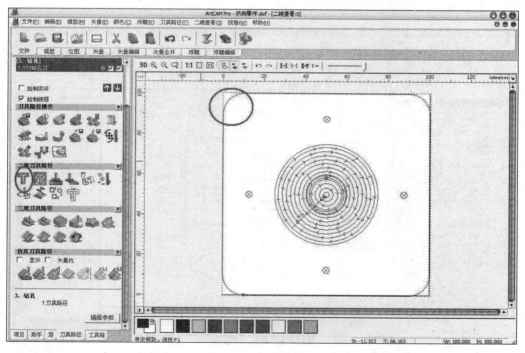

图 3.37 切割外轮廓

（21）在这里没有完全切透 8mm 深，而是留下 0.05mm 的一层，这样在最后一刀切完后工件不会被推移位（图 3.38）。

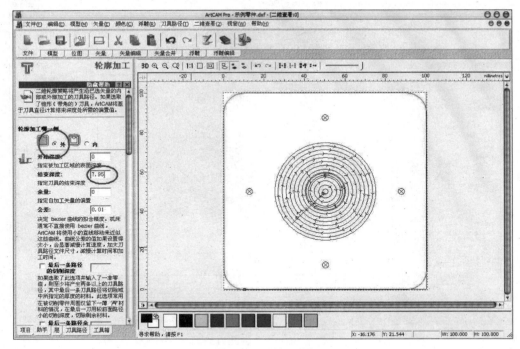

图 3.38　预留一层

（22）仍然选用之前定义的刀具（图 3.39）。

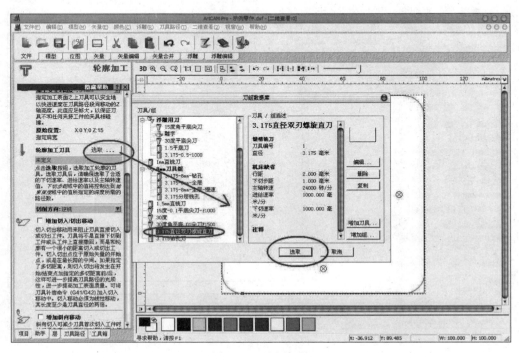

图 3.39　选用刀具

（23）产生一个外轮廓刀路（图3.40）。

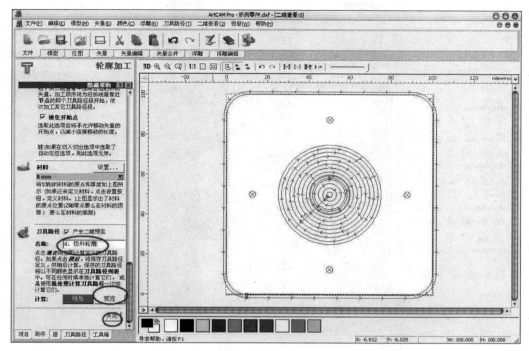

图3.40 产生外轮廓刀具

（24）进入3D模式查看（图3.41）。

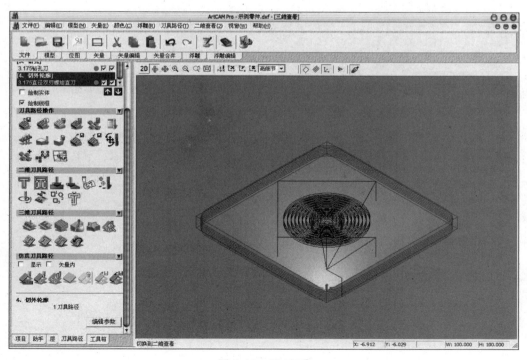

图3.41 3D查看

（25）仿真刀路（图 3.42）。

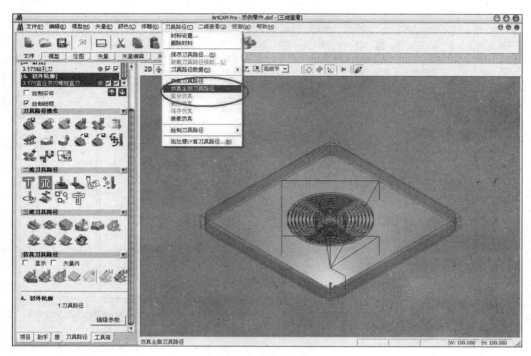

图 3.42　仿真刀路

（26）完成仿真可以旋转图像查看各个方向（图 3.43）。

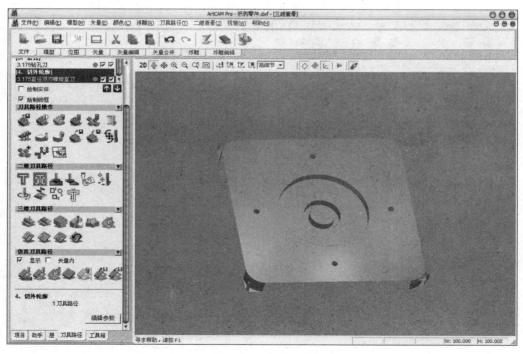

图 3.43　仿真查看

（27）在左侧的项目栏中可以重新编辑刀路（图3.44）。

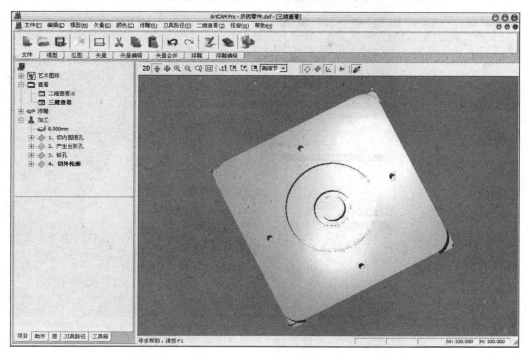

图3.44　重新编辑刀路

（28）确认无误后就可以保存路径了，将刀路排序移到右侧（图3.45和图3.46）。

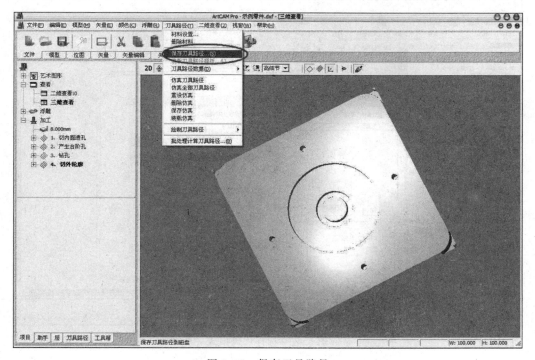

图3.45　保存刀具路径

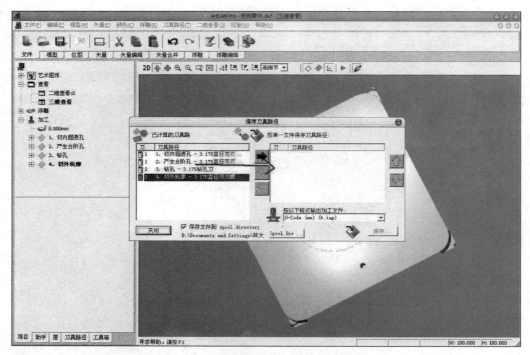

图 3.46　刀具排序

（29）请注意后处理的选择和保存代码的格式（图 3.47）。

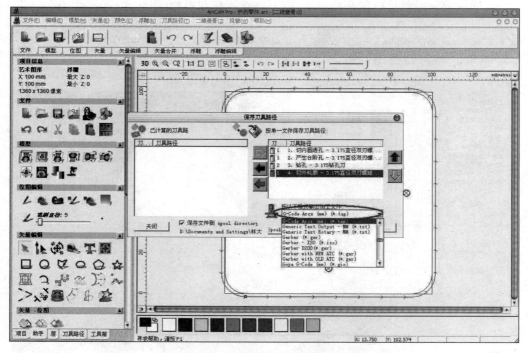

图 3.47　选择代码格式

（30）取名保存（图 3.48）。

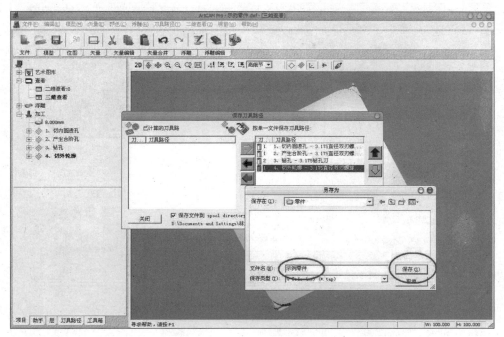

图 3.48　取名保存

（31）在 mach3 中打开代码（图 3.49 和图 3.50）。

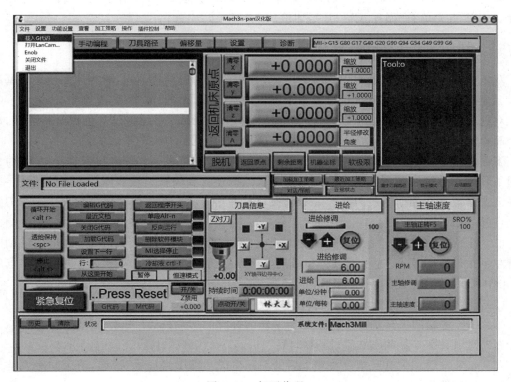

图 3.49　打开代码

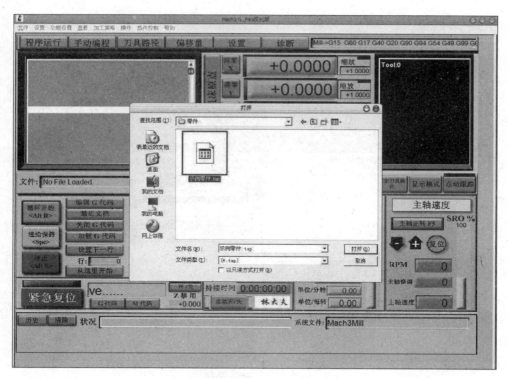

图 3.50　选中代码文件

固定好工件,手动移动刀头投影位置到原点,X、Y坐标清零,使用随机配备的对刀器自动设置 Z 轴零点。单击"循环开始"开始加工。

二、制作双色板标牌(实例)

双色板是广告雕刻中最常用的雕刻材料,其面层和基层颜色不同,雕刻掉面层之后基层的底色会显露出来,无须二次上色,可以用于制作广告标牌、设备、铭牌、胸牌等。

双色板的整体厚度约为 1.2mm,一般面层厚度 0.2mm。下面将以双色板材料为例,制作一个简单的标牌,为了获得清晰的小字效果,使用15°角 0.1 刀尖的平底尖刀。

下面将学习:①如何建立一个雕刻区域并设置雕刻原点。②如何利用 ArtCAM 的矢量绘图工具制作装饰线条和切割线。③如何在区域内建立和编辑矢量字体。④如何新建一个刀具并设置参数。⑤如何生成刀路。⑥如何保存并输出刀路。⑦如何在雕刻软件中读入刀路设置原点并开始雕刻。

(1) 打开 ArtCAM 建立一个雕刻区域并设置雕刻原点,一般习惯上一个矩形的雕刻区域可将左下角设置为原点,这一原点将和雕刻机上设置的原点重合并成为三维坐标的零点基准(图 3.51)。

(2) 建立区域时可以比实际雕刻材料略大(图 3.52)。

(3) 用矢量绘图工具画一个圆角的矩形作为标牌的切割外边(图 3.53)。

(4) 使用文字工具输入文字(图 3.54)。

(5) 如果发现文字有互相重叠在以后的刀路生成步骤中将提示"错误,请用间距调整工具适当调整字间距"(图 3.55)。

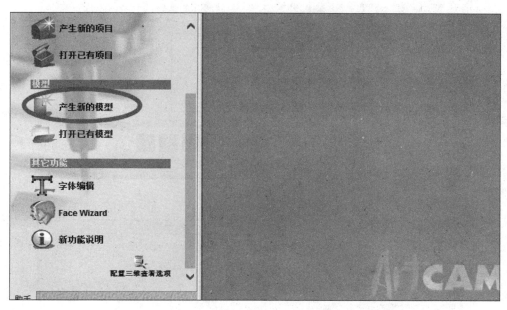

图 3.51 建立雕刻区及设置原点

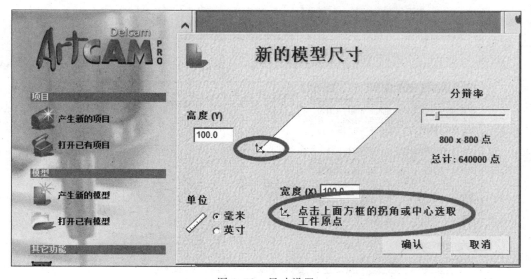

图 3.52 尺寸设置

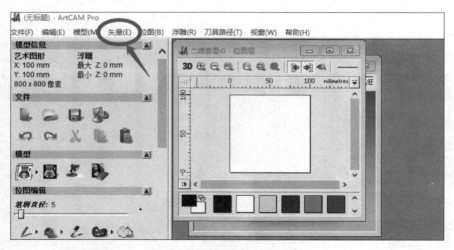

图 3.53　选择矢量

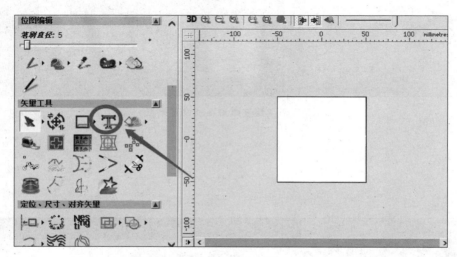

图 3.54　输入文字

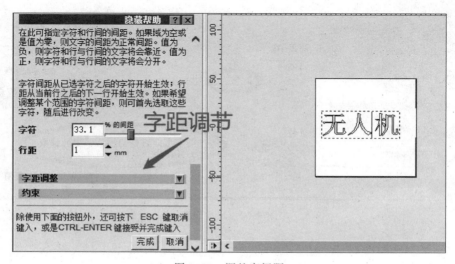

图 3.55　调整字间距

（6）添加一个直角的矩形作为装饰线（图 3.56）。

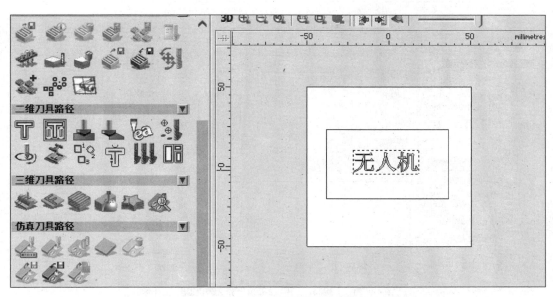

图 3.56　添加装饰线

（7）把文字中间的部分雕刻清除，以便露出不同颜色的基层，选中要雕刻的文字，在刀具路径栏中选择二维清除雕刻（图 3.57）。

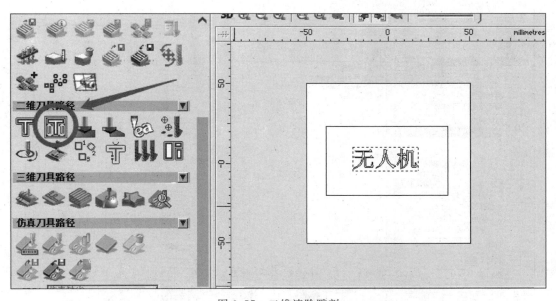

图 3.57　二维清除雕刻

（8）设置双色板的面层厚度0.2，设置结束深度0.2（图3.58）。

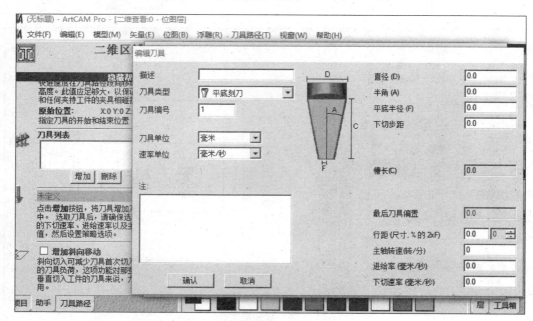

图3.58　设置结束深度

（9）在刀具栏中增加一个刀具，注意角度和平底半径，设置好后选取这个刀具（图3.59）。

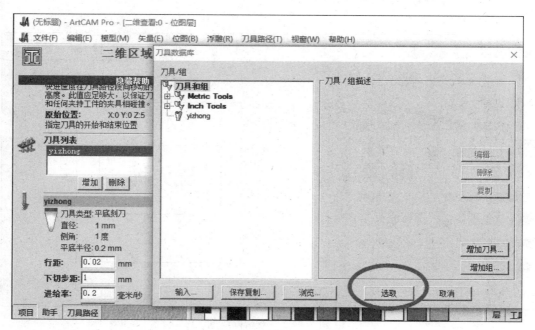

图3.59　设置刀具

（10）注意区域清除策略的设置（图 3.60）。

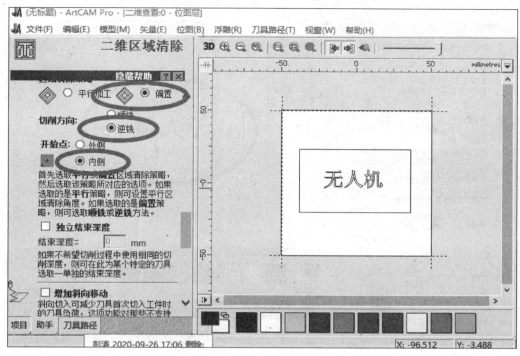

图 3.60 设置清除策略

（11）双色板的厚度是 1.2，把上表面作为雕刻原点（图 3.61 和图 3.62）。

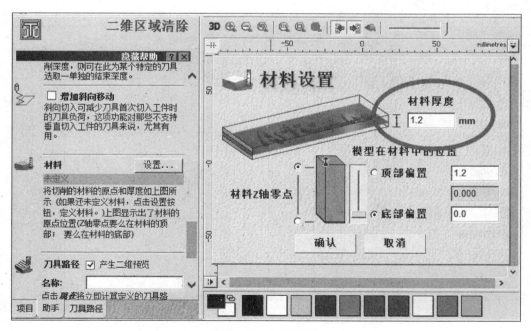

图 3.61 确认厚度

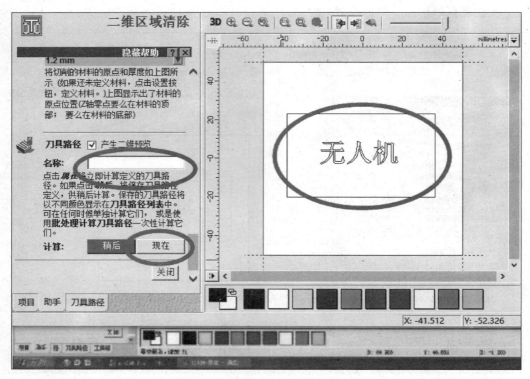

图 3.62　确定远点

　　(12) 命明刀路的名称并生成一个刀路,接下来生成装饰方框的刀路,雕刻深度也是 0.2,
露出面层就可以了(图 3.63)。

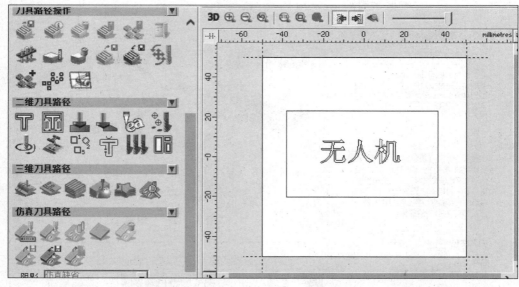

图 3.63　装饰刀路

（13）使用沿矢量加工的方法生成刀路（图 3.64 和图 3.65）。

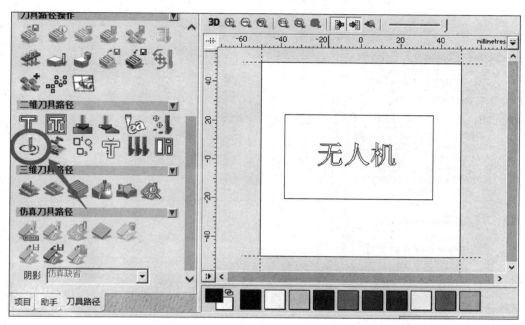

图 3.64　使用矢量加工法

图 3.65　确定加工法后

（14）生成装饰框刀路（图 3.66）。

图 3.66　生成装饰框刀路

（15）生成切割边框的刀路，同样选择二维轮廓加工（图 3.67～图 3.70）。

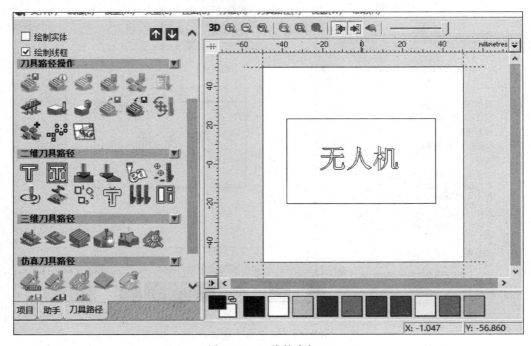

图 3.67　二维轮廓加工

图 3.68　二维刀具路径

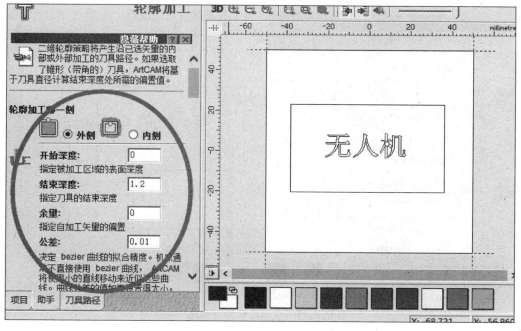

图 3.69　二维轮廓加工参数设置

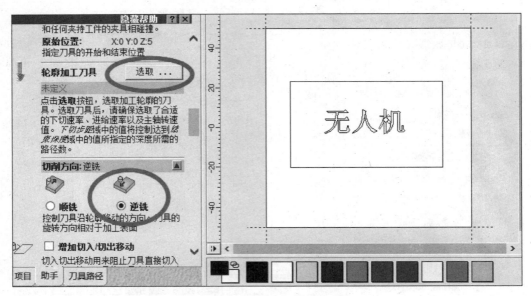

图 3.70　二维轮廓切削方向选取

（16）生成边框切割的刀路（图 3.71 和图 3.72）。

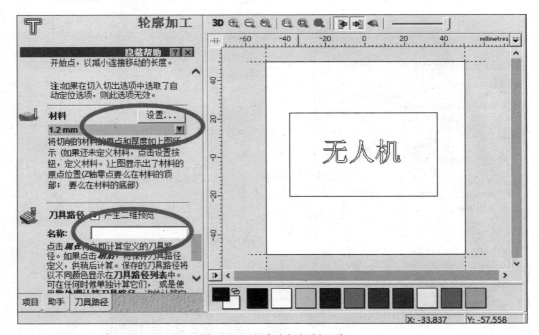

图 3.71　生成边框切割刀路

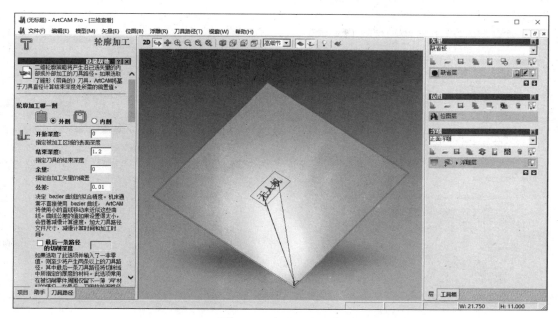

图 3.72　产生二维预览

（17）在三维界面中观察并模拟仿真（图 3.73 和图 3.74）。

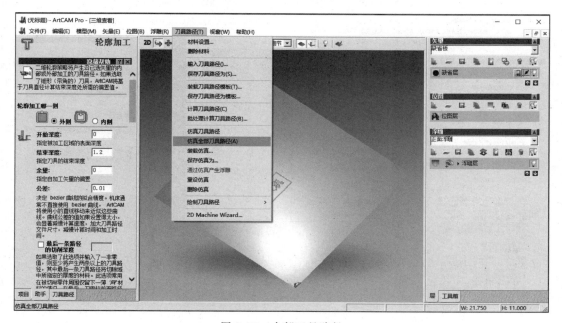

图 3.73　全部刀具路径

图 3.74　预览

（18）仿真没有错误，保存并输出代码（图 3.75～图 3.77）。

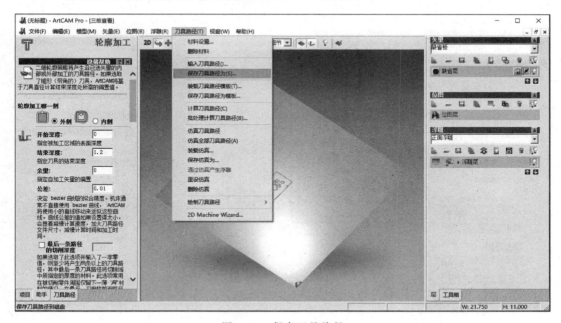

图 3.75　保存刀具路径

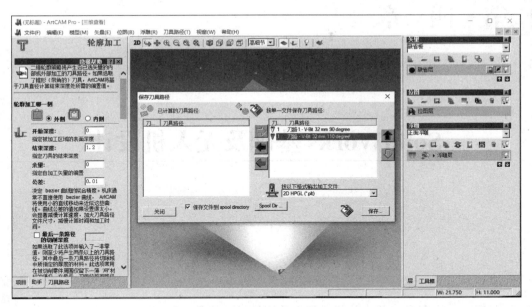

图 3.76　选定保存刀具路径

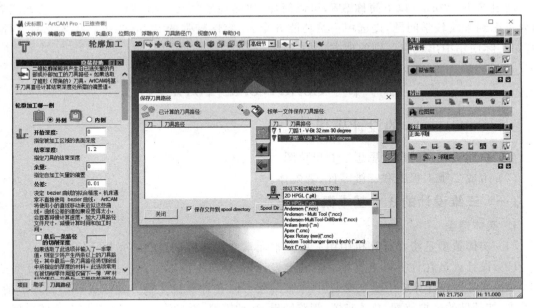

图 3.77　输出文件

第 四 章

SolidWorks 基础及无人机设计

SolidWorks 不仅是一款入门门槛较低的三维设计软件,还允许以插件的形式将其他功能模块嵌入主功能模块中。因此,Solidworks 具有在同一平台上实现 CAD(图形设计)/CAE(计算机辅助工程)/CAM(计算机辅助制造)三位一体的功能。

通过 SolidWorks(以下简称 SW)可以简便、快捷地绘制无人机结构件三维图、装配图等。因为考虑到学校教学问题,遂选用一款功能齐全、兼容性较强的 Solidworks 2012 为例进行教学,如实际使用中出现有区别的地方,以实际为准。

第一节　SolidWorks 2012 入门

一、SolidWorks 的设计思想

(1) 按照工程师的设计思想绘制出草图。

(2) 生成二维工程图和三维零件、装配体。

(一) 三维设计的 3 个基本概念

1. 实体造型

(1) 实体造型是指在计算机中用一些基本元素来构造机械零件的完整几何模型。

(2) 设计人员在计算机上直接进行三维设计,在屏幕上能够见到产品的真实三维模型。

(3) 当零件在计算机中建立模型后,工程师就可以在计算机上很方便地进行后续环节的设计工作,如部件的模拟装配、总体布置、管路铺设、运动模拟、干涉检查以及数控加工与模拟等。

2. 参数化

(1) 传统的 CAD 绘图都用固定的尺寸值定义几何元素,要想修改只有删除原有线条后重画,使用不方便。

(2) 参数化设计可使产品的设计图随着某些结构尺寸的修改和使用环境的变化而自动修改图形。

（3）参数化设计一般是指设计对象的结构形状比较定型，可以用一组参数来约束尺寸关系。生产中常用的系列化标准件就属于该类型。

3. 特征

（1）特征兼有形状和功能两种属性，包括特定几何形状、拓扑关系、典型功能、绘画表示方法、制造技术和公差要求。

（2）特征是产品设计和制造者最关注的对象，是产品局部信息的集合。

（3）基于特征的设计是把特征作为产品设计的基本单元，并将机械产品描述成特征的有机集合。

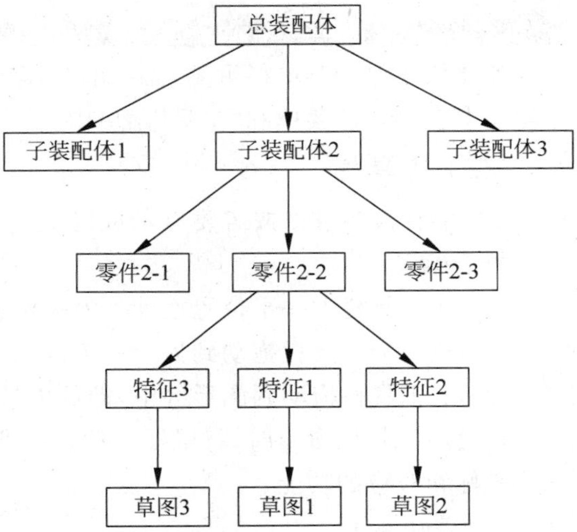

（二）设计过程

在 SW 系统中，零件、装配体和工程图都属于对象，它采用了自上向下的设计方法创建对象（图 4.1）。

该层次说明在 SW 中，零件设计是核心，特征设计是关键，草图设计是基础。

图 4.1　设计流程图

（三）设计方法

在 SW 中，直接设计出三维实体零件，再根据需要生成工程图，与传统的 CAD 设计方法不同（图 4.2）。

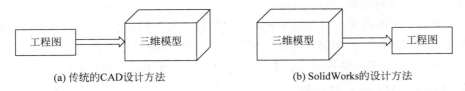

(a) 传统的CAD设计方法　　　　　(b) SolidWorks的设计方法

图 4.2　与传统的设计方法对比

装配体是若干零件的组合，是 SW 系统中的对象，通常用来实现一定的设计功能。

在 SW 系统中，用户先设计好所需的零件，然后根据配合关系和约束条件将零件组装在一起，生成装配件。

工程图就是常说的工程图纸，是 SW 系统中的对象，用来记录和描述设计结果，是工程设计中的主要档案文件。

用户根据设计好的零件和装配件，按照图纸的表达需要，通过 SW 系统中的命令，生成各种视图、剖面图、轴测图等，然后添加尺寸说明，得到最终的工程图。

当对零件或装配体进行了修改，则对应的工程图文件也会相应地修改。

二、SolidWorks 简介

（一）菜单栏

菜单栏包含了所有 SW 的命令，菜单栏可根据文件类型（零件、装配体、工程图）来调整和放置并设定其显示状态。菜单栏显示在标题栏的下方，默认情况下是隐藏的，只显示标准工具

栏 [SOLIDWORKS] [□ · □ · □ · □ · □ · ↻ · □ · □ · □ ·]。

要显示菜单栏需要将光标移动到 SW 图标 [SOLIDWORKS] 上或单击它,显示的菜单栏为 [SOLIDWORKS ◄ 文件(F) 编辑(E) 视图(V) 插入(I) 工具(T) Simulation 窗口(W) 帮助(H) ►] 。

若要始终保持菜单栏可见,需要单击 [一] (图钉)将图标更改为 [📌] 钉住状态,其中最关键的功能集中在"插入"菜单和"工具"菜单中。

(二)工具栏

SW 中有很多可以按需要显示或隐藏的内置工具栏。SW 用户界面中,可对工具栏按钮进行如下操作。

(1)从工具栏上一个位置拖动到另一位置。

(2)从一个工具栏拖动到另个一工具栏。

(3)从工具栏拖动到图形区中,即从工具栏上将之移除。

在使用工具栏命令时,将鼠标指针移动到工具栏图标附近,就会弹出提示消息,显示该工具的名称和对应的功能。

(三)状态栏

状态栏位于 SW 用户界面底端的水平区域,提供了当前窗口中正在编辑内容的状态,以及鼠标指针位置坐标、草图状态等信息。状态栏的典型信息如下。

(1)重新建模图标 [🔲]。在更改了草图或零件而需要重建模型时,重建模型图标会显示在状态栏中。

(2)草图状态。在编辑草图过程中,状态栏会出现 5 种草图状态,即完全定义、过定义、欠定义、没有找到解、发现无效的解。在零件完成之前,应该为完全定义草图状态。

(3)快速提示帮助图标。它会根据 SW 的当前模式给出提示和选项,使用方便快捷,对于初学者来说是很有用的。快速提示因具体模式而异,其中,[?] 表示可用,但当前未显示;[✕] 表示当前已显示,单击可关闭快速提示;[🔲] 表示当前模式不可用;[□] 表示暂时禁用。

(四)FeatureManger 设计树

它位于 SW 用户界面的左侧,是 SW 中比较常用的部分,它提供了激活的零件、装配体或工程图的大纲视图,从而可以很方便地查看模型或装配体的构造情况,或者查看工程图中不同的图纸和视图。

FeatureManger 设计树和图形区是动态链接的。在使用时可以在任何窗格中选择特征、草图、工程视图和构造几何线。

FeatureManger 设计树用来组织和记录模型中各个要素之间的参数信息和相互联系,以及模型、特征和零件之间的约束关系等,几乎包含了所有设计信息。

FeatureManger 设计树的功能主要有以下几个方面。

(1)以名称来选择模型中的项目,即可通过在模型中选择其名称来选择特征、草图、基准面及基准轴。

(2)确认和更改特征的生成顺序,在 FeatureManger 设计树中通过拖动项目可以调整特征的生成顺序,这将更改重建模型时特征重建的顺序。

(3)通过双击特征的名称可显示特征的尺寸。

(4)如要更改项目的名称,在名称上缓慢单击两次以选择该名称,然后输入新的名称即可。

（5）可以压缩和解除压缩零件特征和装配体零部件，在装配零件时很常用的。

（五）PropertyManager 标题栏

PropertyManager 标题栏一般会在初始化时使用，PropertyManager 在定义命令时自动出现。编辑草图并选择草图特征进行编辑时，所选草图特征的 PropertyManager 将自动出现。

三、文件管理

（一）打开文件

SW 可以打开已存储的文件，对其进行相应的编辑和操作。

选取了需要的文件后，单击对话框的"打开"按钮，可以打开选择的文件，在"文件类型"下拉列表框中，并不限于 SW 类型的文件，还可以调用其他软件（如 ProE、CATIA、UG 等）生成的图形并对其进行编辑。

（二）保存文件

已编辑的图形只有保存后，才能在需要打开该文件时对其进行相应的编辑和操作。

（三）退出 SW

在文件编辑并保存完成后，就可以退出 SW。

四、SW 工作环境设置

要熟练地使用一款软件，必须先认识软件的工作环境，然后设置适合自己的使用环境，这样可以使设计工作更加快捷。SW 可以根据用户的需要显示或者隐藏工具栏，以及添加或删除工具栏中的命令按钮，还可以根据需要设置零件、装配体和工程图的工作界面。

（一）设置工具栏

SW 系统默认的工具栏是比较常用的，在建模过程中，用户可以根据需要显示或隐藏部分工具栏，其设置方法有两种。

（1）用菜单命令设置工具栏。在工具栏区域右击，在弹出的快捷菜单中选择"自定义"命令，出现系统所有的工具栏，勾选需要打开的工具栏复选框，如果需要隐藏工具栏，取消对工具栏复选框的勾选即可。

（2）利用鼠标右键设置工具栏。

（二）设置工具栏命令按钮

系统默认的工具栏中并不包括平时所用的所有命令按钮，用户可以根据自己的需要通过"工具→自定义"添加或删除命令按钮。

（三）设置快捷键

通过"工具→自定义→键盘"可设置快捷键。

（四）设置背景

用户可以更改操作界面的背景及颜色设置个性化的用户界面。"工具→选项→系统选项颜色"。

（五）设置实体颜色

系统默认的绘制模型实体的颜色为灰色，在零部件和装配体模型中，为了使图形有层次感和真实感,通常改变实体颜色。"特征管理器→颜色"。

(六)设置单位

在三维实体建模前,需要设置好系统的单位,系统默认的单位为 MMGS(毫米、克、秒),可以使用自定义的方式设置其他类型的单位系统以及长度单位等。"工具→选项→系统选项普通"。

五、SW 术语

(一)文件窗口

SW 文件窗口有两个窗格,如图 4.3 所示。

图 4.3　窗口

(二)控标

控标允许用户在不退出图形区域的情形下,动态地拖动和设置某些参数,如图 4.4 所示。

(三)常用模型术语

常用模型术语如图 4.5 所示。

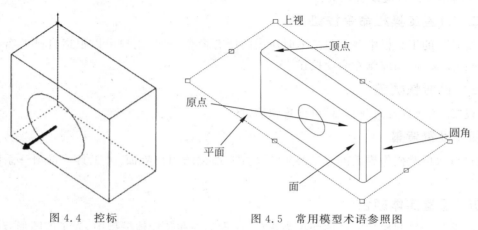

图 4.4　控标　　　　图 4.5　常用模型术语参照图

（1）顶点：两个或多个直线或边线相交之处的点，顶点可选作绘制草图、标注尺寸等用途。

（2）面：模型或曲面的所选区域，模型或曲面带有边界，可帮助定义模型或曲面的形状。

（3）原点：模型原点显示为灰色，代表模型的（0，0，0）坐标。当激活草图时，草图原点显示为红色，代表草图的（0，0，0）坐标。尺寸和几何关系可以加入到模型原点，但不能加入到草图原点。

（4）平面：平的构造几何体。平面可用于绘制草图、生成模型的剖面视图以及用于拔模特征中的中性面等。

（5）轴：穿过圆锥面、圆柱体或圆周阵列中心的直线，插入轴有助于建造模型特征或阵列。

（6）圆角：草图内或曲面或实体上的角或边的内部圆形。

（7）特征：单个形状，如与其他特征结合则构成零件，有些特征如凸台和切除，则由草图生成。

（8）几何关系：草图实体之间或草图实体与基准面、基准轴、边线或顶点之间的几何约束，可以自动或手动添加这些项目。

（9）模型：零件或装配体文件中的三维实体几何体。

（10）自由度：没有由尺寸或几何关系定义的几何体可自由移动。在二维草图中，有 3 种自由度，即沿 X 和 Y 轴移动以及绕 Z 轴旋转（垂直于草图平面的轴）。在三维草图中，有 6 种自由度，即沿 X、Y、Z 轴移动，以及绕 X、Y、Z 轴旋转。

（11）坐标系：平面系统，用来给特征、零件和装配体指定笛卡儿坐标。零件和装配体文件包含默认坐标系，其他坐标系可以参考几何体定义，用于测量工具以及将文件输出到其他格式。

第二节　草图绘制基础

一、草图绘制的基本知识

本节主要介绍如何开始绘制草图，熟悉"草图"工具栏，认识绘图光标和锁点光标，以及退出草图绘制状态。

（一）进入草图绘制

绘制二维草图，必须进入草图绘制状态，草图必须在平面上绘制，这个平面可以是基准面，也可以是三维模型上的平面。总之，必须指定基准面。

绘制草图必须认识草图绘制的工具，图 4.6 所示为常用的"草图"工具栏。

1．选择草图绘制实体

（1）插入→草图绘制。

（2）选择基准面。

（3）标准视图→正视于，方便绘图。

2．选择草图绘制基准面

（1）选择基准面（前视、右视、上视）。

（2）标准视图→正视于，方便绘图。

（3）单击"草图"工具栏的 ，进入

图 4.6　常用草图工具栏

草图绘制状态。

（二）退出草图绘制

草图绘制完毕后，可立即建立特征，也可以退出草图绘制再建立特征。

退出草图的方法有以下几种。

（1）插入→退出草图。

（2）单击"标准"工具栏的 ⊡（重建模型）按钮。

（3）单击"草图"工具栏的 ▧（退出草图）按钮。

（4）利用图形区确认角落的图标 ▧，在右上角，单击它就能退出草图绘制状态。

（三）草图绘制工具

草图工具栏主要包括 4 大类：草图绘制、实体绘制、标注几何关系、草图编辑工具（表 4.1～表 4.4）。

表 4.1　草图绘制命令按钮

按钮图标	名　　称	功　能　说　明
⬉	选择	用来选择草图实体、模型和特征的边线和面等，框选可以选择多个草图实体
⊞	网格线/捕捉	对激活的草图或工程图选择显示草图网格线，并可设定网格线显示和捕捉功能选项
⊵	草图绘制/退出草图	进入或者退出草图绘制状态
3D	3D 草图	在三维空间任意位置添加一个新的三维草图或编辑一现有三维草图
⬚	基准面上的 3D 草图	在三维草图中添加基准面后，可添加或修改该基准面的信息
⬚	快速草图	可以选择平面或基准面，并在任意草图工具激活时开始绘制草图；在移动至各平面的同时，将生成面并打开草图，也可以在中途更改草图工具
⬚	修改草图	移动、旋转或按比例缩放所选取的草图
⬚	移动时不求解	在不解除尺寸或几何关系的情况下，从草图中移动草图实体
⬚	移动实体	选择一个或多个草图实体和注解并将之移动，该操作不生成几何关系
⬚	复制实体	选择一个或多个草图实体和注解并将之复制，该操作不生成几何关系
⬚	按比例缩放实体	选择一个或多个草图实体和注解并将之按比例缩放，该操作不生成几何关系
⬚	旋转实体	选择一个或多个草图实体和注解并将之旋转，该操作不生成几何关系
⬚	伸展实体	在 Property Manger 中要伸展的实体下，为草图项目或注解选择草图实体
⬚	草图图片	可将图片插入到草图基准面；将图片生成 2D 草图的基础；将光栅数据转换为向量数据

表 4.2　实体绘制工具命令按钮

按钮图标	名　　称	功　能　说　明
＼	直线	以起点、终点的方式绘制一条直线
⬜	矩形	以对角线的起点和终点的方式绘制一个矩形，其一边为水平或竖直
⬚	中心矩形	在中心点绘制矩形草图

续表

按钮图标	名　　称	功　能　说　明
	3点边角矩形	以所选的角度绘制矩形草图
	3点中心矩形	以所选的角度绘制带有中心点的矩形草图
	平行四边形	生成边不为水平或竖直的平行四边形及矩形
	直槽口	单击以指定槽口的起点,移动指针然后单击以指定槽口长度,移动指针然后单击以指定槽口宽度,绘制直槽口
	中心点直槽口	生成中心点槽口
	三点圆弧槽口	利用三点绘制圆弧槽口
	中心点圆弧槽口	通过移动指针指定槽口长度,宽度绘制圆弧槽口
	多边形	生成边数在3~40的等边多边形
	圆	以先指定圆心,然后以拖动光标确定半径的方式绘制一个圆
	周边圆	以圆周直径的两点方式绘制一个圆
	圆心/起/终点画弧	以顺序指定圆心、起点以及终点的方式绘制一个圆弧
	切线弧	绘制一条与草图实体相切的弧线,可以根据草图实体自动确认是法向相切还是径向相切
	三点圆弧	以顺序指定起点、终点及中点的方式绘制一个圆弧
	椭圆	以先指定圆心,然后指定长、短轴的方式绘制一个完整的椭圆
	部分椭圆	以先指定中心点,然后指定起点及终点的方式绘制一部分椭圆
	抛物线	以先指定焦点,再拖动光标确定焦距,然后指定起点和终点的方式绘制一条抛物线
	样条曲线	以不同路径上的两点或多点绘制一条样条曲线,可以在端点处指定相切
	曲面上样条曲线	在曲面上绘制一条样条曲线,可以沿曲面添加和拖动点生成
	方程式驱动曲线	通过定义曲线的方程式来生成曲线
	点	绘制一个点,可以在草图和工程图中绘制
	中心线	绘制一条中心线,可以在草图和工程图中绘制
	文字	在特征表面,添加文字草图,然后拉伸或切除生成文字实体

表4.3　标注几何关系命令按钮

按钮图标	名　　称	功　能　说　明
	添加几何关系	为选定的草图实体添加几何关系,即限制条件
	显示/删除几何关系	显示或者删除草图实体的几何限制条件
	自动几何关系	打开/关闭自动添加几何关系

表 4.4　草图编辑工具命令按钮

按钮图标	名　称	功　能　说　明
	构造几何线	将草图中或工程图中的草图实体转换为构造几何线,构造几何线的线型与中心线相同
	绘制圆角	在两个草图实体的交叉处倒圆角,从而生成一个切线弧
	绘制倒角	此工具在二维和三维草图中均可使用,在两个草图实体交叉处按照一定角度和距离剪裁,并用直线相连,形成倒角
	等距实体	按给定的距离等距一个或多个草图实体,可以是线、弧、环等草图实体
	转换实体引用	将其他特征轮廓投影到草图平面上,形成一个或多个草图实体
	交叉曲线	在基准面和曲面或模型面、两个曲面、曲面和模型面、基准面和整个零件的曲面交叉处生成草图曲线
	面部曲线	从面或曲面提取 ISO 参数,形成三维曲线
	剪裁实体	根据剪裁类型,剪裁或者延伸草图实体
	延伸实体	将草图实体延伸以与另一草图实体相遇
	分割实体	将一个草图实体分割以生成两个草图实体
	镜像实体	相对一条中心线生成对称的草图实体
	动态镜像实体	适用于 2D 草图或在 3D 草图基准面上所生成的 2D 草图
	线性草图阵列	沿一个轴或同时沿两个轴生成线性草图排列
	圆周草图阵列	生成草图实体的圆周排列

（四）绘图光标和锁点光标

在绘制草图实体或编辑草图实体时,光标会根据所选择的命令,在绘图时变为相应的图标,以方便用户了解绘制或者编辑该类型的草图(表 4.5)。

表 4.5　绘图光标的类型与功能

光标类型	功 能 说 明	光标类型	功 能 说 明
	绘制一点		绘制直线或者中心线
	绘制圆弧		绘制抛物线
	绘制圆		绘制椭圆
	绘制样条曲线		绘制矩形
	标注尺寸		绘制多边形
	剪裁实体		延伸草图实体
	圆周阵列复制草图		线性阵列复制草图

为提高绘制图形的效率,SW 提供了自动判断绘图位置的功能,在执行绘图命令时,光标会在图形区自动寻找端点、中心点、圆心、交点、中点以及其上任意点,这样提高了光标定位的

准确性和快速性。

光标在相应的位置会变成相应的图形,称为锁点光标。锁点光标可在草图实体上形成,也可在特征实体上形成。

二、草图绘制

(一)绘制点

执行点命令后,在图形区的任何位置都将可以绘制点,绘制的点不影响三维建模的外形,只起到参考作用。执行异型孔向导命令后,点命令用于决定产生孔的数量。点命令可以生成草图中两不平行线段的交点以及特征实体中两个不平行边缘的交点,产生的交点作为辅助图形,用于标注尺寸或添加几何关系,并不影响实体模型的建立。

(二)绘制一般点

单击“草图”工具栏的 ✳(点)按钮,在图形区单击,确认绘制点的位置,此时点命令处于激活位置,可以继续绘制点。

1. 生成草图中两不平行线段的交点

在草图绘制状态按住 Ctrl 键,单击选择线段 1 和线段 2,单击“草图”工具栏的 ✳(点)按钮即可,效果如图 4.7 所示。

2. 生成特征实体中两不平行边缘的交点

选择特征实体的一面为绘图面,进入草图绘制状态,按住 Ctrl 键,选择边线 1 和边线 2,单击“草图”工具栏的 ✳(点)按钮即可,效果如图 4.8 所示。

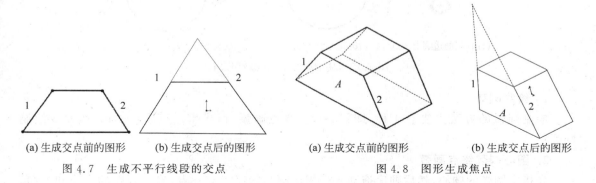

(a) 生成交点前的图形　　(b) 生成交点后的图形　　　　(a) 生成交点前的图形　　(b) 生成交点后的图形

图 4.7　生成不平行线段的交点　　　　　　　　图 4.8　图形生成焦点

(三)绘制直线与中心线

直线与中心线的绘制方法相同,执行不同的命令,按照类似的操作步骤,在图形区绘制相应的图形即可。

直线分为 3 种,即水平直线、竖直直线和任意角度直线。在绘制过程中,不同类型的直线其显示方式不同,如图 4.9 和图 4.10 所示。

在绘制的过程中,光标上方显示的参数为直线的长度和角度,可供参考。

绘制直线的方式有两种:拖动式和单击式。

(四)绘制圆

当执行圆命令时,系统弹出“圆”属性管理器,可以通过两种方式来绘制圆:一种是绘制基于中心的圆,另一种是绘制基于周边的圆,如图 4.11 和图 4.12 所示。

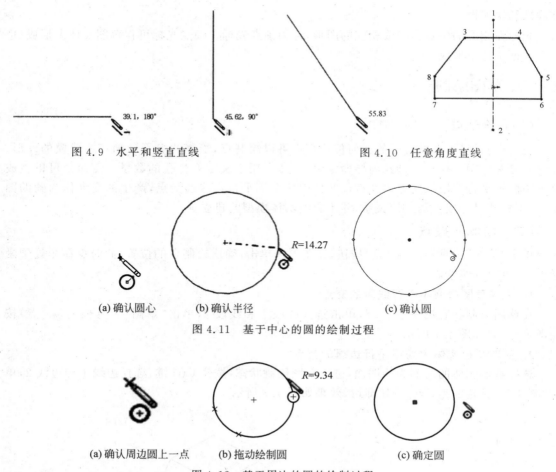

图 4.9　水平和竖直直线　　　　图 4.10　任意角度直线

(a) 确认圆心　　　(b) 确认半径　　　　　　(c) 确认圆

图 4.11　基于中心的圆的绘制过程

(a) 确认周边圆上一点　　　(b) 拖动绘制圆　　　　(c) 确定圆

图 4.12　基于周边的圆的绘制过程

1. 绘制圆弧

绘制圆弧的方法主要有 4 种,即圆心/起/终点画弧、切线弧、三点画弧与直线命令绘制圆弧。

2. 圆心/起/终点画弧

先指定圆弧的圆心,然后顺序拖动光标指定圆弧的起点和终点,确定圆弧的大小和方向,如图 4.13 所示。

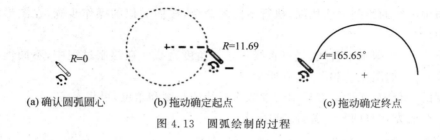

(a) 确认圆弧圆心　　　(b) 拖动确定起点　　　(c) 拖动确定终点

图 4.13　圆弧绘制的过程

（五）切线弧

生成一条与草图实体相切的弧线,草图实体可以是直线、圆弧、椭圆和样条曲线等。

　　在绘制切线弧时,系统可以从指针移动推理是需要画切线弧还是画法线弧:沿相切方向移动指针将生成切线弧,沿垂直方向移动将生成法线弧,如图4.14～图4.16所示。

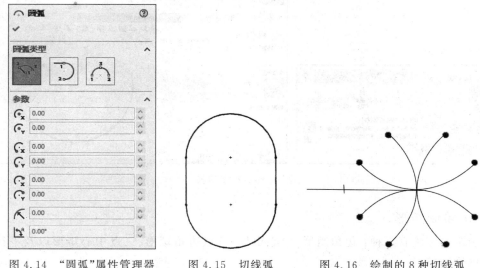

图4.14　"圆弧"属性管理器　　　　图4.15　切线弧　　　　图4.16　绘制的8种切线弧

1. 三点画弧

通过起点、终点与中点的方式绘制圆弧。绘制过程如图4.17所示。

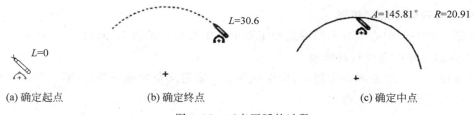

(a)确定起点　　　　　　(b)确定终点　　　　　　　　　　(c)确定中点

图4.17　三点画弧的过程

2. 直线命令绘制画弧

　　直线命令除了可以绘制直线外,还可以绘制连接在直线端点处的切线弧。使用该命令,必须首先绘制一条直线,然后才能绘制圆弧(图4.18)。

(a)拖动鼠标　　　　　　　　(b)拖回至终点　　　　　　　　(c)确定圆弧

图4.18　使用直线命令画弧的过程

　　直线转换为绘制圆弧的状态,必须先将光标拖回至终点,然后拖动才能绘制圆弧;也可以在此状态下右击,系统弹出快捷菜单,单击"转到圆弧"命令即可绘制圆弧。同样方法在绘制圆弧的状态下,右击选择"转到直线"命令绘制直线,如图4.19所示。

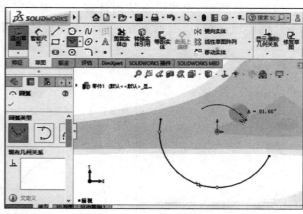

图 4.19　状态转换

（六）绘制矩形

绘制矩形方法有 5 种：边角矩形、中心矩形、三点边角矩形、三点中心矩形以及平行四边形命令可绘制矩形。

1. 边角矩形命令绘制矩形

它是标准的矩形草图绘制方法，即指定矩形的左上与右下的端点确定矩形的长度和宽度。绘制过程如图 4.20 所示。

2. 中心矩形命令绘制矩形

它是指定矩形的中心与右上的端点确定矩形的中心和 4 条边线，如图 4.21 所示。

3. 三点边角矩形命令绘制矩形

它是通过指定 3 个点来确定矩形，前面的两个点来定义角度和一条边，第三点用来确定另一条边，绘制过程如图 4.22 所示。

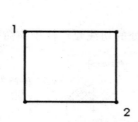
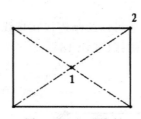
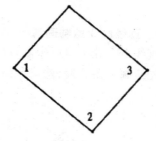

图 4.20　确定长度和宽度　　　图 4.21　矩形绘制　　　图 4.22　使用三点边角矩形
命令绘制矩形

4. 三点中心矩形命令绘制矩形

它是通过指定 3 个点来确定矩形，绘制过程如图 4.23 所示。

5. 平行四边形命令绘制矩形

它既能生成平行四边形，也可以生成边线与草图网格线不平行或不垂直的矩形，如图 4.24 和图 4.25 所示。

矩形绘制完毕后，按住鼠标左键拖动矩形的一个角点，可动态地改变平行四边形的尺寸。

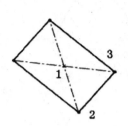

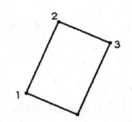

图 4.23　使用三点中心矩形命令绘制矩形 　　图 4.24　使用平行四边形命令绘制矩形 　　图 4.25　使用任何形状的平行四边形命令绘制矩形

（七）绘制多边形

"多边形"命令用于绘制边数为 3～40 的等边多边形。

步骤为："多边形"命令→输入边数→在图形区单击，确定中心→移动光标，在合适位置单击，确定多边形的形状→选择内切圆/外接圆→完成。

（八）绘制椭圆与部分椭圆

椭圆是由中心点、长轴长度与短轴长度来确定的，三者缺一不可，如图 4.26 和图 4.27 所示。

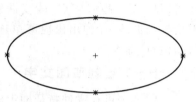

图 4.26　绘制的椭圆

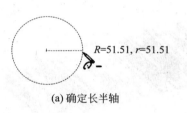

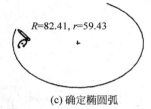

(a) 确定长半轴　　　　　(b) 确定短半轴　　　　　(c) 确定椭圆弧

图 4.27　绘制部分椭圆的过程

（九）绘制抛物线

先确定抛物线的焦点，然后确定抛物线的焦距，最后确定抛物线的起点和终点。绘制过程如图 4.28 所示。

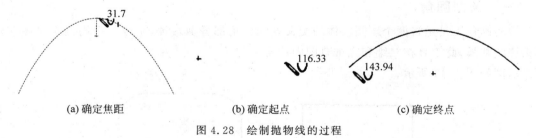

(a) 确定焦距　　　　　(b) 确定起点　　　　　(c) 确定终点

图 4.28　绘制抛物线的过程

（十）绘制样条曲线

SW 提供了强大的样条曲线绘制功能，绘制样条曲线至少需要两个点，并且可在端点指定相切。绘制过程如图 4.29 所示。

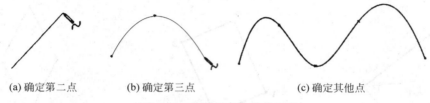

| (a) 确定第二点 | (b) 确定第三点 | (c) 确定其他点 |

图 4.29　绘制样条曲线的过程

样条曲线绘制完毕后,可通过以下方式对其进行编辑和修改:

(1) 选择要修改的样条曲线,此时样条曲线上会出现点,按住鼠标左键拖动这些点就能完成修改,如图 4.30 所示。

(2) 确定样条曲线形状的点称为型值点,即样条曲线端点以外的点。在样条曲线绘制完成后,还可以插入一些型值点,改变曲线形状。方法是右击样条曲线,在弹出快捷菜单选择"插入样条曲线型值点"命令。

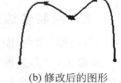

(a) 修改前的图形　　　(b) 修改后的图形

图 4.30　修改样条曲线示例

（十一）绘制草图文字

草图文字可在零件特征面上添加,用于拉伸和切除文字,形成立体效果。文字可以添加在任何连续曲线或边线组中,包括由直线、圆弧或样条曲线组成的圆或轮廓,如图 4.31 和图 4.32 所示。

图 4.31　绘制的草图文字　　　　　　　　图 4.32　拉伸后的草图文字

三、草图编辑

（一）绘制圆角

绘制圆角工具是将两个草图实体的交叉处的三角部分剪裁掉,生成一个与两个草图实体都相切的圆弧,此工具在二维和三维草图中均可使用。

示例如图 4.33 所示。

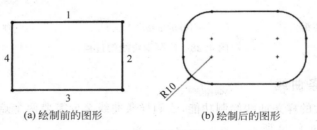

(a) 绘制前的图形　　　　　　　　　(b) 绘制后的图形

图 4.33　绘制圆角

（二）绘制倒角

绘制倒角是将倒角应用到相邻的草图实体中，此工具在二维和三维草图中均可使用，倒角选取方法与圆角相同。

有两种设置倒角的方式，分别是"角度距离"和"距离-距离"（图4.34和图4.35）。绘制的倒角如图4.36和图4.37所示。

图4.34　"角度距离"设置方式

图4.35　"距离-距离"设置方式

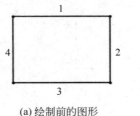

(a) 绘制前的图形

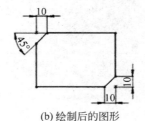

(b) 绘制后的图形

图4.36　倒角绘制前、后对比

(a) 原始图形

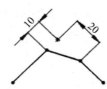

(b) 先左后右的图形

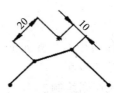

(c) 先右后左的图形

图4.37　选择直线次序不同形成的倒角

（三）等距实体

等距实体是按特定的距离使一个或多个草图实体、所选模型边线、模型面等距离（图4.38～图4.40）。

（四）转换实体引用

转换实体引用是通过已有的模型或草图，将其边线、环、面、曲线、外部草图轮廓线、一组边线或一组草图曲线投影到草图基准面上。通过这种方式，可在草图基准面上生成一个或多个草图实体。使用该命令时，如果引用的实体发生更改，那么转换的草图实体也会相应地改变（图4.41）。

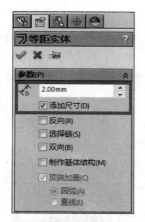

图 4.38 "等距实体"属性管理器

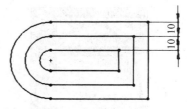

图 4.39 等距后的草图实体

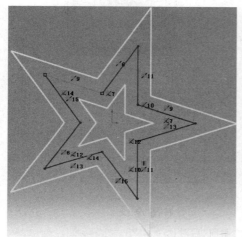

(a) 原始图形

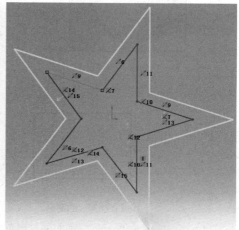

(b) 等距实体后的图形

图 4.40 模型面等距实体

转换实体引用的步骤如下。

（1）选择基准面。

（2）进入草图绘制。

（3）选择要引用的草图实体。

（4）单击"转换实体引用"按钮 。

（5）完成。

图 4.41 转换实体引用后的图形

（五）草图剪裁

草图剪裁是常用的草图编辑命令，根据剪裁的草图实体不同，可以选择不同的剪裁模式。

（1）强劲剪裁：通过将光标拖过的每个草图实体来剪裁。

（2）边角：剪裁两个草图实体，直到它们在虚拟边角处相交。

（3）在内剪除：选择两个边界实体，然后选择要剪裁的实体，剪裁位于两个边界实体外的草图实体。

（4）在外剪除：剪裁位于两个边界实体内的草图实体。

（5）剪裁到最近端：将一草图实体剪裁到最近端交叉实体。

（六）草图延伸

利用该工具可将草图实体延伸至另一个草图实体，如图4.42所示。

（七）分割草图

分割草图是将一个连续的草图实体分割为两个草图实体，以方便进行其他操作。反之，也可以删除一个分割点，将两个草图实体合并成一个单一的草图实体，如图4.43所示。

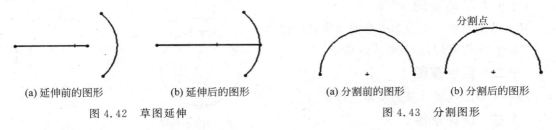

(a) 延伸前的图形　　　　(b) 延伸后的图形	(a) 分割前的图形　　　　(b) 分割后的图形
图4.42　草图延伸	图4.43　分割图形

（八）镜像草图

在绘制草图时，经常要绘制对称的图形，这时可以使用镜像实体命令来实现。

镜像点可以是任意类型的直线。

SW提供了两种镜像方式：一种是镜像现有草图实体，另一种是在绘制草图时动态镜像草图实体，如图4.44所示。

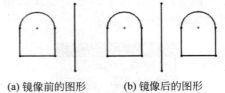

(a) 镜像前的图形　　　(b) 镜像后的图形

图4.44　镜像图形

动态镜像草图实体步骤如下。

草图绘制→画中心线→单击"动态镜像实体 动态镜向实体"，此时出现对称符号╪→在中心线的一侧绘制草图，另一侧会动态地镜像出绘制的草图，如图4.45所示。

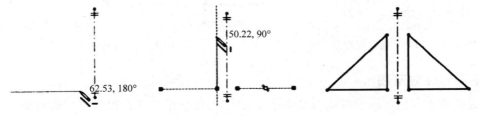

图4.45　动态镜像草图实体的过程

（九）线性草图阵列

线性草图阵列是将草图实体沿一个或两个轴复制生成多个排列图形，如图4.46所示。

（十）圆周草图阵列

圆周草图阵列是将草图实体沿一个指定大小的圆弧进行环状阵列，如图4.47所示。

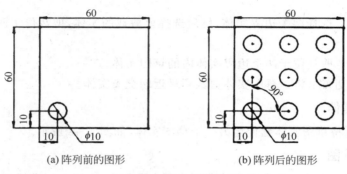

(a) 阵列前的图形　　　　(b) 阵列后的图形

图 4.46　线性草图阵列

（十一）移动草图

移动草图是将一个或多个草图实体进行移动。"移动"属性管理器如图 4.48 所示。

（十二）复制草图

将一个草图或多个草图实体进行复制。

（十三）旋转草图

通过选择选择中心及要旋转的角度来旋转草图实体，如图 4.49 所示。

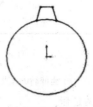

(a) 阵列前的图形　　　　(b) 阵列后的图形

图 4.47　圆周草图阵列

图 4.48　"移动"属性管理器

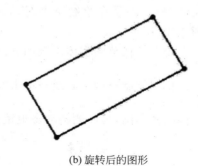

(a) 旋转前的图形　　　　(b) 旋转后的图形

图 4.49　旋转草图

（十四）缩放草图

通过基准点和比例因子对草图实体进行缩放，也可根据需要在保留原缩放对象的基础上缩放草图，如图 4.50 所示。

（十五）伸展草图

通过基准点和坐标点对草图实体进行伸展，如图 4.51 所示。

四、尺寸标注

SW 2012 是一种尺寸驱动式系统，用户可以指定尺寸及各实体间的几何关系，更改尺寸

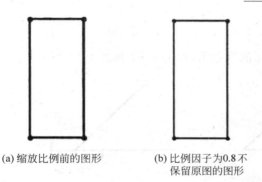 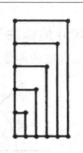

(a) 缩放比例前的图形　　(b) 比例因子为0.8不　　(c) 保留原图，复制数为
　　　　　　　　　　　　保留原图的图形　　　　5的图形

图 4.50　缩放草图的过程

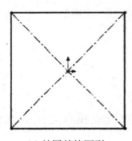  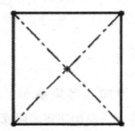

(a) 伸展前的图形　　　(b) "伸展"属性对话框　　　(c) 伸展后的图形

图 4.51　伸展草图

改变零件的尺寸和形状。

尺寸标注是草图绘制过程中的重要组成部分。

（一）度量单位

SW 2012 中使用多种度量单位，包括埃、纳米、微米、毫米、厘米、米、英寸、英尺等。

（二）线性尺寸的标注

线性尺寸用于标注直线段的长度或两个几何元素间的距离，如图 4.52 所示。

（三）直径和半径尺寸的标注

直径和半径尺寸的标注如图 4.53 所示。

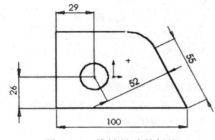 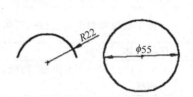

图 4.52　线性尺寸的标注　　　图 4.53　直径和半径尺寸的标注

（四）角度尺寸的标注

用于标注两条直线的夹角或圆弧的圆心角,如图 4.54 和图 4.55 所示。

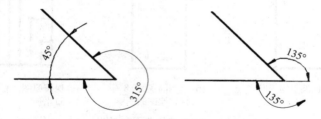

图 4.54　角度值的标注

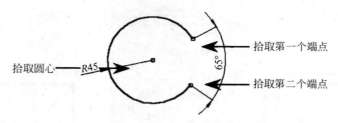

图 4.55　标注圆弧的圆心角

（五）添加几何关系

几何关系为草图实体之间或草图实体与基准面、基准轴、边线或顶点之间的几何约束(见表 4.6)。

表 4.6　几何关系说明

几何关系	要执行的实体	所产生的几何关系
水平或竖直	一条或多条直线,两个或多个点	直线会变成水平或竖直(由当前草图的空间定义),而点会水平或竖直对齐
共线	两条或多条直线	实体位于同一条无线长的直线上
全等	两个或多个圆弧	实体会共用相同的圆心和半径
垂直	两条直线	两条直线互相垂直
平行	两条或多条直线	实体相互平行
相切	圆弧、椭圆和样条曲线,直线和圆弧,直线和曲面或三维草图中的曲面	两个实体保持相切
同心	两个或多个圆弧,一个点和一个圆弧	圆弧共用同一圆心
中点	一个点和一条直线	点位于线段的中点
交叉	两条直线和一个点	点位于直线的交叉点上
重合	一个点和一直线、圆弧或椭圆	点位于直线、圆弧或椭圆上
相等	两条或多条直线,两个或多个圆弧	直线长度或圆弧半径保持相等
对称	一条中心线和两个点、直线、圆弧或椭圆	实体保持与中心线相等距离,并位于一条与中心线垂直的直线上
固定	任何实体	实体的大小和位置被固定
穿透	一个草图点和一个基准轴、边线、直线或样条曲线	草图点和基准轴、边线或曲线在草图基准面上穿透的位置重合
合并点	两个草图点或端点	两个点合并成一个点

1. 添加几何关系

利用添加几何关系工具 ⊥ 可在草图实体之间或草图实体与基准面、基准轴、边线或顶点之间生成几何关系,如图 4.56 所示。

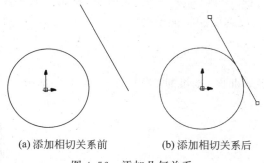

(a) 添加相切关系前　　　　(b) 添加相切关系后

图 4.56　添加几何关系

2. 自动添加几何关系

使用 SW 的自动添加几何关系功能后,在绘制草图时光标会改变形状以显示可以生成哪些几何关系。

图 4.57 显示了不同几何关系对应的光标指针形状。

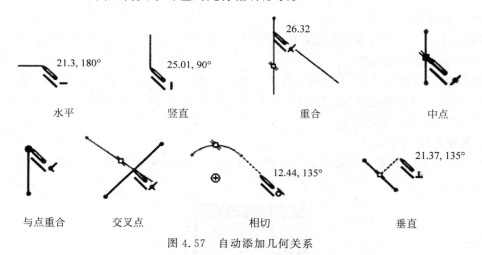

水平　　　　　　竖直　　　　　　　重合　　　　　　中点

与点重合　　　交叉点　　　　　相切　　　　　　垂直

图 4.57　自动添加几何关系

3. 显示/删除几何关系

它可以显示手动和自动应用到草图实体的几何关系,查看有疑问的特定草图实体的几何关系,并可删除不再需要的几何关系。

第三节　基础特征建模

在 SW 中,特征建模一般分为基础特征建模和附加特征建模两类。

基础特征建模是三维实体最基本的绘制方式,可以构成三维实体的基本造型。基础特征建模相当于二维草图中的基本图元,是最基本的三维实体绘制方式。

基础特征建模主要包括拉伸特征、拉伸切除特征、旋转特征、旋转切除特征、扫描特征与放样特征等。

一、特征建模基础

SW 提供了专用的"特征"工具栏,如图 4.58 所示,单击工具栏中的相应图标就可以对草图实体进行相应的操作,生成需要的特征模型。

二、参考几何体

参考几何体主要包括基准面、基准轴、坐标系与点 4 个部分。参考几何体操控面板,如图 4.59 所示。

图 4.58 "特征"工具栏   图 4.59 参考几何体操控面板

(一) 基准面

基准面主要用于零件图和装配图中,可以利用基准面来绘制草图,生成模型的剖面视图,用于拔模特征中的中性面等。

SW 提供了前视基准面、上视基准面和右视基准面 3 个默认的相互垂直的基准面。创建基准面有 6 种方式:通过直线/点方式、点和平行面方式、夹角方式、等距距离方式、垂直于曲线方式与曲面切平面方式。

1. 通过直线/点方式

通过直线/点方式创建的基准面有 3 种:通过边线、轴;通过草图线及点;通过三点,如图 4.60～图 4.62 所示。

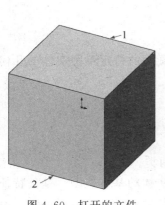

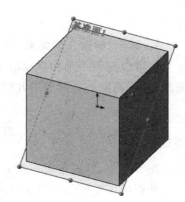

图 4.60 打开的文件   图 4.61 "基准面"属性   图 4.62 创建的基
实体(一)   管理器(一)   准面(一)

2．点和平行面方式

点和平行面方式用于创建通过点且平行于基准面或者面的基准面，如图 4.63～图 4.65 所示。

图 4.63　打开的文件　　　　　图 4.64　"基准面"属性　　　　　图 4.65　创建的基
　　　　实体（二）　　　　　　　　　　管理器（二）　　　　　　　　　　准面（二）

3．夹角方式

夹角方式用于创建通过一条边线、轴线或者草图线，并与一个面或者基准面成一定角度的基准面，如图 4.66～图 4.68 所示。

图 4.66　打开的文件　　　　　图 4.67　"基准面"属性　　　　　图 4.68　创建的基
　　　　实体（三）　　　　　　　　　　管理器（三）　　　　　　　　　　准面（三）

4. 等距距离方式

等距距离方式用于创建平行于一个基准面或面,并等距指定距离的基准面,如图 4.69~图 4.71 所示。

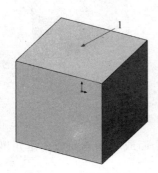

图 4.69 打开的文件
实体(四)

图 4.70 "基准面"属性
管理器(四)

图 4.71 创建的基
准面(四)

5. 垂直于曲线方式

垂直于曲线方式用于创建通过一个点且垂直于一条边线或者曲线的基准面,如图 4.72~图 4.74 所示。

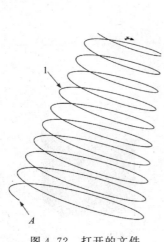

图 4.72 打开的文件
实体(五)

图 4.73 "基准面"属性
管理器(五)

图 4.74 创建的基
准面(五)

6. 曲面切平面方式

曲面切平面方式用于创建一个与空间面或圆形曲面相切于一点的基准面,如图 4.75~图 4.77 所示。

图 4.75　"基准面"属性
管理器(六)

图 4.76　参考平面方式
创建的基准面

图 4.77　参考点方式创建的
基准面

(二) 基准轴

基准轴通常在草图几何体或者圆周阵列中使用。每一个圆柱和圆锥面都有一条轴线。

临时轴是由模型中的圆锥和圆柱隐含生成的,可以单击菜单栏中的"视图"→"临时轴"命令来隐藏或显示所有的临时轴。

创建基准轴有以下 5 种方式。

1. 直线/边线/轴方式

选择一草图的直线、实体的边线或者轴,创建所选直线所在的轴线,如图 4.78~图 4.80 所示。

图 4.78　打开的文件
实体(一)

图 4.79　"基准轴"属性
管理器(一)

图 4.80　创建的基
准轴(一)

2. 两平面方式

将所选两平面的交线作为基准轴,如图 4.81～图 4.83 所示。

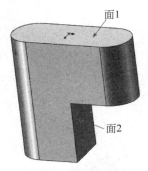

图 4.81　打开的文件　　　　图 4.82　"基准轴"属性　　　　图 4.83　创建的基
　　　　实体(二)　　　　　　　　管理器(二)　　　　　　　　　准轴(三)

3. 两点/顶点方式

将两个点或者两个顶点的连线作为基准轴,如图 4.84～图 4.86 所示。

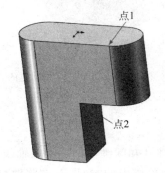

图 4.84　打开的文件　　　　图 4.85　"基准轴"属性　　　　图 4.86　创建的基
　　　　实体(三)　　　　　　　　管理器(三)　　　　　　　　　准轴(三)

4. 圆柱/圆锥面方式

选择圆柱面或圆锥面,将其临时轴确定为基准面,如图 4.87～图 4.89 所示。

图 4.87　打开的文件　　　　图 4.88　"基准轴"属性　　　　图 4.89　创建的基
　　　　实体(四)　　　　　　　　管理器(四)　　　　　　　　　准轴(四)

5. 点和面/基准面方式

选择一曲面或者基准面以及顶点、点或者中点,创建一个通过所选点并且垂直于所选面的基准轴,如图 4.90～图 4.92 所示。

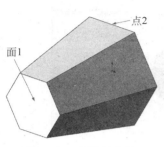  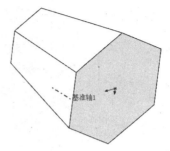

图 4.90 打开的文件
实体(五)

图 4.91 "基准轴"属性
管理器(五)

图 4.92 创建的基
准轴(五)

(三) 坐标系

"坐标系"命令主要用来定义零件或装配体的坐标系。

此坐标系与测量和质量属性工具一同使用,可用于将 SW 文件输出为 IGES、STL、ACIS、STEP、Parasolid、VRML 和 VDA 文件,如图 4.93 和图 4.94 所示。

 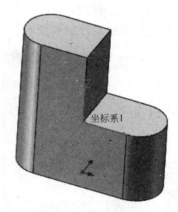

图 4.93 坐标系示例

图 4.94 草图坐标系

三、拉伸特征

拉伸特征是将一个草图描述的截面沿指定的方向(一般情况下是沿垂直于截面方向)延伸一段距离后所形成的特征(图 4.95)。

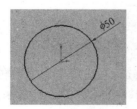  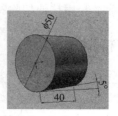

图 4.95 利用拉伸基体/凸台特征生成的零件

拉伸是 SW 模型中最常见的类型,具有相同截面、有一定长度的实体,如长方体、圆柱体都可用拉伸特征来生成。拔模特征说明如图 4.96 所示。

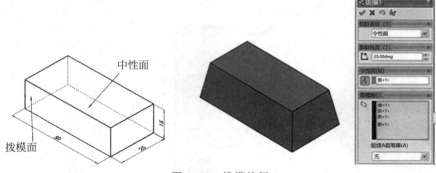

图 4.96　拔模特征

(一)拉伸实体特征

SW 可对闭环和开环草图进行实体拉伸,如果草图是开环的,拉伸凸台/基体工具只能将其拉伸为薄壁;如果草图为闭环的,既可以选择将其拉伸为薄壁特征,也可以选择将其拉伸为实体特征(图 4.97)。

(二)实例——圆头平键

键是机械产品中经常用到的零件,作为一种配合结构其广泛用于各种机械中。键的创建方法比较简单,首先绘制键零件的草图轮廓,然后通过拉伸工具即可完成(图 4.98)。

图 4.97　开环草图的薄壁拉伸

图 4.98　圆头平键示例

(三)拉伸切除特征

图 4.99 展示了利用拉伸切除特征生成的零件效果。

四、旋转特征

旋转特征是由特征截面绕中心线旋转而成的一类特征,它适用于构造回转体零件。实体旋转特征的草图可以包含一个或多个闭环的非相交轮廓,对于包含多个轮廓的基体旋转特征,其中一个轮廓必须包含所有的其他轮廓(图 4.100)。

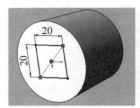

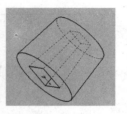

图 4.99　利用拉伸切除特征生成的零件效果

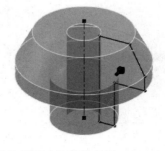

图 4.100　由旋转特征形成的零件实例

　　薄壁或曲面旋转特征的草图只能包含一个开环或闭环的非相交轮廓,轮廓不能与中心线交叉。如果草图包含一条以上的中心线,则须选择一条中心线用作旋转轴。

　　旋转特征应用比较广泛,是比较常用的特征建模工具,主要应用在以下零件的建模,如图 4.101~图 4.104 所示。

图 4.101　环形零件　　　　图 4.102　齿轮类零件　　　　图 4.103　轴类零件

(一) 旋转凸台/基体

旋转凸台/基体草图与建模如图 4.105 和图 4.106 所示。

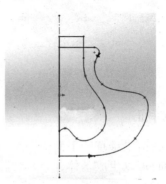

图 4.104　轮毂类零件　　　　图 4.105　打开的文件实体

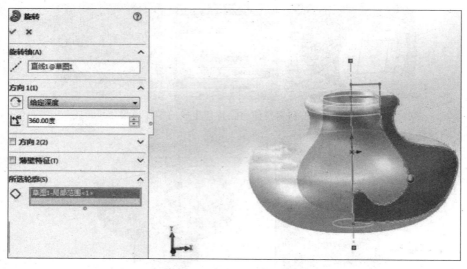

图 4.106 "旋转"属性管理器

（二）实例——乒乓球

乒乓球绘制过程：首先绘制一条中心线作为旋转轴，然后绘制一个半圆作为旋转的轮廓，最后使用旋转命令生成乒乓球图形（图 4.107）。

（三）旋转切除

与旋转凸台/基体特征不同的是，旋转切除特征用来产生切除特征，也就是去除材料。图 4.108 是常见的旋转切除的效果。

图 4.107　乒乓球绘制

图 4.108　旋转切除

五、扫描特征

扫描特征是指由二维草绘平面沿一平面或空间轨迹线扫描而成的一类特征。沿着一条路径移动轮廓（截面）可以生成基体、凸台、切除或曲面（图 4.109）。

SW 2012 的扫描特征遵循以下规则。

（1）扫描路径可以为开环或闭环。

（2）路径可以是草图中包含的一组草图曲线、一条曲线或一组模型边线。

（3）路径的起点必须在轮廓的基准面上。

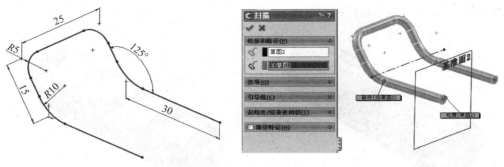

图4.109　使用扫描特征

（一）凸台/基体扫描

凸台/基体扫描特征属于叠加特征（图4.110和图4.111）。

图4.110　打开的文件实体

图4.111　"扫描"属性管理器

在"方向/扭转类型"下拉列表中有下列选项。

（1）随路径变化：草图轮廓随路径的变化而变换方向，其法线与路径相切。

（2）保持法线方向不变：草图轮廓保持法线方向不变（图4.112）。

图4.112　法线方向不变示例

（二）切除扫描

切除扫描特征属于切割特征(图 4.113 和图 4.114)。

步骤为："插入"→"切除"→"扫描"

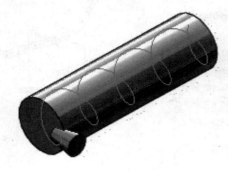 

图 4.113　打开的文件实体　　　　　　图 4.114　切除和扫描

（三）引导线扫描

SW 不仅可以生成等截面的扫描,还可以生成随着路径变化截面也发生变化的扫描——引导线扫描。

图 4.115　引导线扫描效果

图 4.115 展示的就是引导线扫描效果。

利用引导线生成扫描特征之前,需要注意以下几点。

(1) 应该先生成扫描路径和引导线,然后再生成截面轮廓。

(2) 引导线必须和轮廓相交于一点,作为扫描曲面的顶点。

(3) 最好在截面草图上添加引导线上的点和截面相交处之间的穿透关系。

示例如图 4.116～图 4.118 所示。

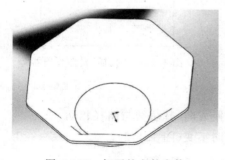 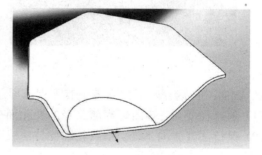

图 4.116　打开的文件实体　　　　　　图 4.117　引导线扫描

扫描路径和引导线的长度可能不同,如果引导线比扫描路径长,扫描将使用扫描路径的长度;如果引导线比扫描路径短,扫描将使用最短的引导线长度。

六、放样特征

所谓放样是指连接多个剖面或轮廓形成的基体、凸台或切除,通过在轮廓之间进行过渡来

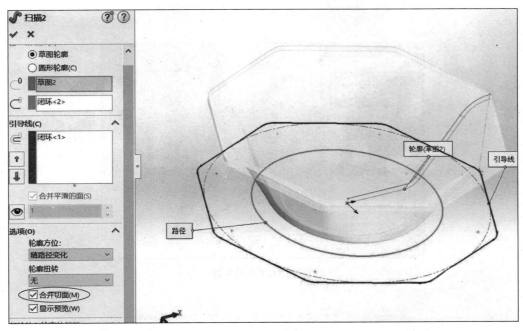

图 4.118　随路径和引导线扫描

生成特征。图 4.119 为放样示例。

（一）设置基准面

放样特征需要连接多个面上的轮廓，这些面可以平行也可以相交，要确定这些平面就必须用到基准面。

（二）凸台放样

通过使用空间上两个或两个以上的不同平面轮廓，可以生成最基本的放样特征（图 4.120 和图 4.121）。

图 4.119　放样示例

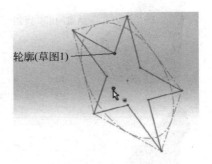

图 4.120　打开的文件实体

"起始/结束约束"选项组包括以下几个选项。

（1）无：不应用相切。

（2）垂直于轮廓：放样在起始和终止处与轮廓的草图基准面垂直。

（3）方向向量：放样与所选的边线或轴相切，或与所选基准面的法线相切。

（4）所有面：放样在起始处和终止处与现有几何的相邻面相切（图 4.122）。

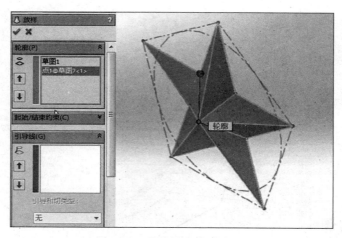

图 4.121 "放样"属性管理器

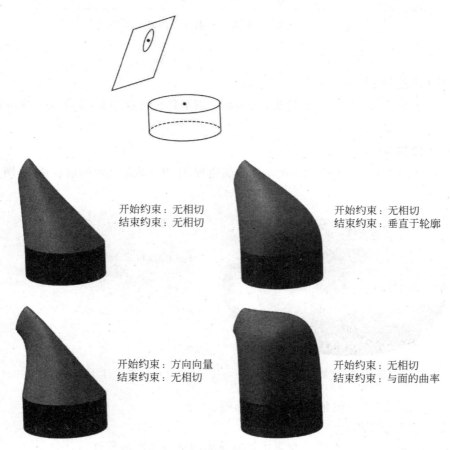

图 4.122 相切选项的差异

（三）引导线放样

同生成引导线扫描特征一样,SW 也可以生成引导线放样特征,通过使用两个或多个轮廓并使用一条或多条引导线来连接轮廓,生成引导线放样特征。通过引导线可以帮助控制所生成的中间轮廓。

图 4.123 为引导线放样的效果。

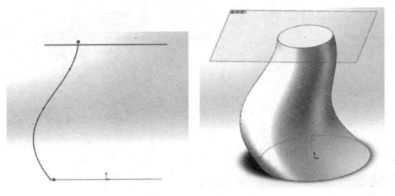

图 4.123　引导线放样效果

利用引导线生成放样特征,要注意以下几点。

(1) 引导线必须与草图轮廓相交。

(2) 引导线的数量不受限制。

(3) 引导线之间可以相交。

(4) 引导线可以是任何草图曲线、模型边线或曲线。

(5) 引导线可以比生成的放样特征长,放样将终止于最短的引导线的末端。

（四）中心线放样

中心线放样是指将一条变化的引导线作为中心线进行的放样,在中心线放样特征中,所有中间截面的草图基准面都与此中心线垂直。

中心线放样特征的中心线必须与每个闭环轮廓的内部区域相交,而不是像引导线放样那样,引导线必须与每个轮廓线相交。图 4.124 为中心线放样的效果,"放样"属性管理器如图 4.125 所示。

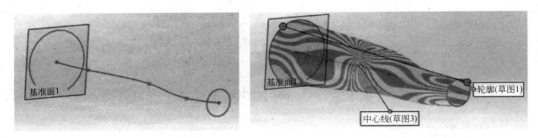

图 4.124　中心线放样效果

（五）用分割线放样

要生成一个与空间曲面无缝连接的放样特征,就必须要用到分割线放样。

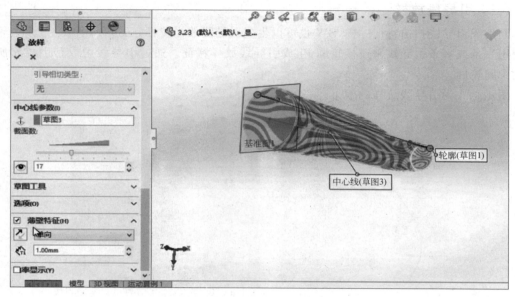

图 4.125   "放样"属性管理器

分割线放样可以将放样中的空间轮廓转换为平面轮廓,从而使放样特征进一步扩展到空间模型的曲面上。图 4.126 展示了分割线放样的效果。

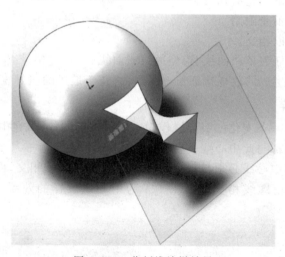

图 4.126   分割线放样效果

第四节   附加特征建模

一、圆角特征

使用圆角特征可以在零件上生成内圆角或外圆角。圆角特征在零件设计中起着重要的作用,大多数情况下,如果能在零件特征上加入圆角,则有助于造型上的变化,或是产生平滑的效果。

SW可为一个面上的所有边线、多个面、多个边线或边线环创建圆角特征,有以下几种圆角特征。

(1)等半径圆角:对所选边线以相同的圆角半径进行倒圆角操作。

(2)多半径圆角:可以为每条边线选择不同的圆角半径值。

(3)圆形角圆角:通过控制角部边线之间的过渡,消除或平滑两条边线汇合处的尖锐接合点。

(4)逆转圆角:可在混合曲面之间沿着零件边线进入圆角,生成平滑过渡。

(5)变半径圆角:可以为边线的每个顶点指定不同的圆角半径。

(6)混合面圆角:通过混合面圆角可以将不相邻的面混合起来。

图4.127所示是上述圆角特征的效果。

(一)等半径圆角特征

等半径圆角特征是指对所选边线以相同的圆角半径进行倒圆角操作(图4.128和图4.129)。

图4.127　圆角特征效果

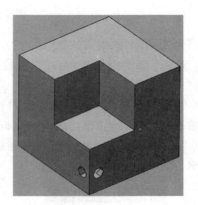

图4.128　打开的文件实体

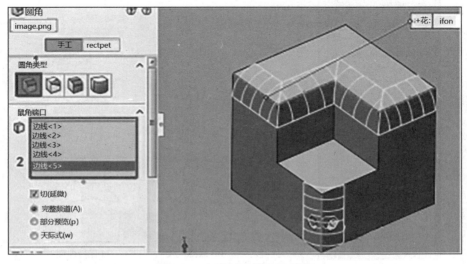

图4.129　"圆角"属性管理器

其中,切线延伸复选框是指"圆角将延伸到与所选面或边线相切的所有面",切线延伸效果如图 4.130 所示。

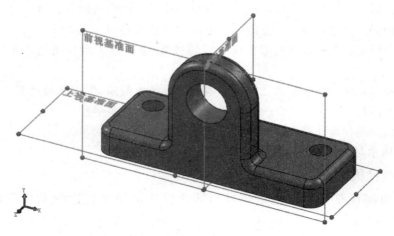

图 4.130　切线延伸效果

在圆角选项的"扩展方式"组中选择一种扩展方式,如图 4.131 所示。

(1)默认:系统根据几何条件(进行圆角处理的边线凸起和相邻边线等)默认选择"保持边线"或"保持曲面"选项。

(2)保持边线:系统将保持邻近的直线形边线的完整性,但圆角曲面断裂成分离的曲面,在许多情况下,圆角的顶部边线中会有沉陷。

(3)保持曲面:使用相邻曲面来剪裁圆角,因此圆角边线是连续且光滑的,但是相邻边线会受影响,如图 4.132 所示。

图 4.131　扩展方式选择

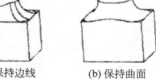

(a)保持边线　　　(b)保持曲面

图 4.132　保持边线和保持曲面效果对比

（二）多半径圆角特征

使用多半径圆角特征可以为每条所选边线选择不同的半径值,还可为不具有公共边线的面指定多个半径(图 4.133)。

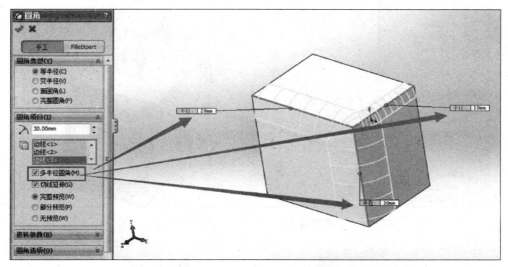

图 4.133　多半径圆角特征

（三）圆形角圆角特征

使用圆形角圆角特征可以控制角部边线之间的过渡,圆形角圆角将混合连接的边线,从而消除或平滑两条边线汇合处的尖锐接合点(图 4.134 和图 4.135)。

步骤为:圆角→等半径→取消切线延伸→设置半径→选择边线、面等→"圆角选项"选择"圆形角"→确认。

图 4.134　原实体

（四）逆转圆角特征

使用逆转圆角特征可在混合曲面之间沿着零件边线生成圆角,从而进行平滑过渡(图 4.136 和图 4.137)。

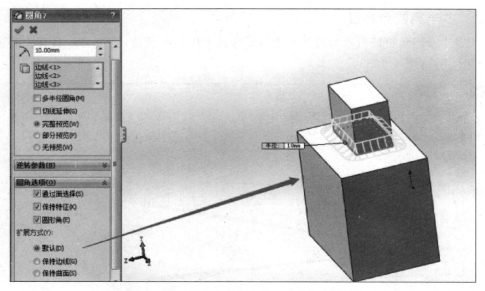

图 4.135　消除或平滑两条边线汇合处的尖锐接合点

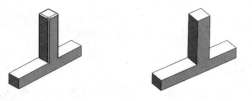

(a) 未使用逆转圆形角特征　　　(b) 使用逆转圆形角特征

图 4.136　逆转圆角效果

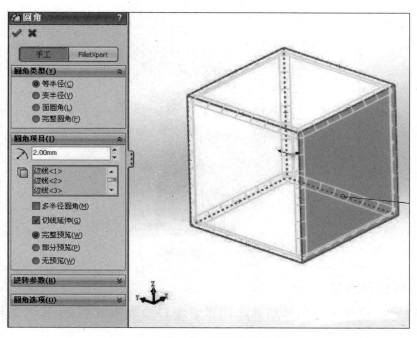

图 4.137　生成逆转圆角特征

（五）变半径圆角特征

变半径圆角特征通过对边线上的多个点（变半径控制点）指定不同的圆角半径来生成圆角，可以产生另类的效果（图 4.138）。

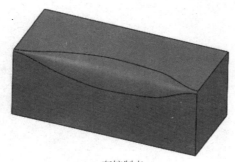

有控制点

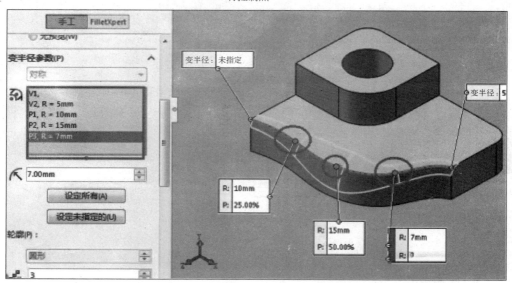

图 4.138　变半径圆角特征

二、倒角特征

在零件设计过程中，通常对锐利的零件边角进行倒角处理，以防止伤人和避免应力集中，便于搬运、装配等。此外，有些倒角特征也是机械加工过程中不可缺少的工艺（图 4.139 和图 4.140）。

倒角类型如下。

（1）角度距离：在所选边线上指定距离和倒角角度来生成倒角特征。

（2）距离-距离：在所选边线的两侧分别指定两个距离值来生成倒角特征。

（3）顶点：在与顶点相交的 3 个边线上分别指定距顶点的距离来生成倒角特征（图 4.141）。

图 4.139 倒角属性选择

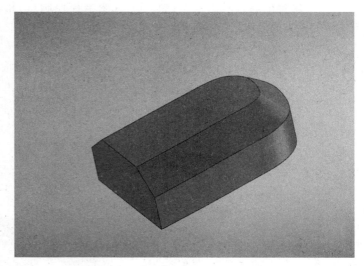

图 4.140 倒角特征零件实例

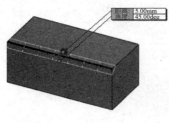

(a) 角度距离

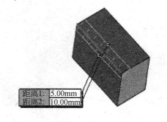

(b) 距离-距离

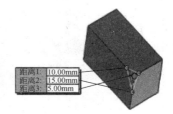

(c) 顶点

图 4.141 倒角类型

三、圆顶特征

圆顶特征如图 4.142～图 4.144 所示。

图 4.142 "圆顶"属性管理器

图 4.143 连续圆顶的图形

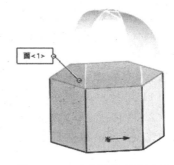

图 4.144 不连续圆顶的图形

四、拔模特征

拔模是零件模型上常见的特征,是以指定的角度斜削模型中所选的面,经常应用于铸造零件。由于拔模角度的存在可以使型腔零件更容易脱出模具。

下面对与拔模特征有关的术语进行说明。

(1) 拔模面:选取的零件表面,此面将生成拔模斜度。

(2) 中性面:在拔模的过程中大小不变的固定面,用于指定拔模角的旋转轴,如果中性面与拔模面相交,则相交处即为旋转轴。

(3) 拔模方向:用于确定拔模角度的方向。

图 4.145 为拔模特征的应用示例。

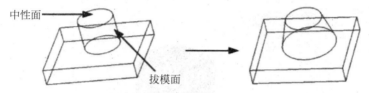

图 4.145　拔模特征示例

要在现有的零件上插入拔模特征,从而以特定角度斜削所选的面,可以使用中性面拔模(图 4.146)、分型线拔模和阶梯拔模。

中性面拔模的步骤如下。

(1) 找到"拔模"按钮 ![拔模] 。

(2) 选择中性面。

(3) 依次设置"拔模角度",选择"中性面"。

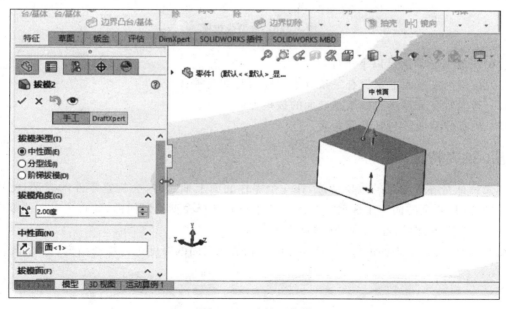

图 4.146　中性面拔模

图 4.147　拔模面不进行
延伸

注：如果要将拔模面延伸到额外的面，从"拔模沿面延伸"下拉列表选择以下选项。

（1）沿切面：将拔模延伸到所有与所选面相切的面。

（2）所有面：所有从中性面拉伸的面都进行拔模。

（3）内部的面：所有与中性面相邻的内部面都进行拔模。

（4）外部的面：所有与中性面相邻的外部面都进行拔模。

（5）无：拔模面不进行延伸（图 4.147）。

分型线拔模是可对分型线周围的曲面进行拔模（图 4.148）。

(a) 设置分型线拔模　　　　　　　　　　　　　　(b) 分型线拔模效果

图 4.148　分型线拔模

分型线拔模必须满足以下条件：

（1）在每个拔模面上至少有一条分型线段与基准面重合。

（2）其他所有分型线段处于基准面的拔模方向。

（3）没有分型线段与基准面垂直。

五、抽壳特征

抽壳特征是零件建模的重要特征，在一个零件的面上抽壳时，会掏空零件的内部，使所选择的面敞开，在剩余的面上生成薄壁特征。如果没有选择模型的任何面，而直接对实体零件进行抽壳操作，则会生成一个闭合、掏空的模型。

通常，抽壳时各个表面的厚度相等，也可以对某些表面的厚度进行单独指定（图 4.149）。

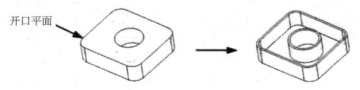

开口平面

图 4.149　抽壳特征示例

创建抽壳特征：等厚度抽壳特征、多厚度面的抽壳(图 4.150)。

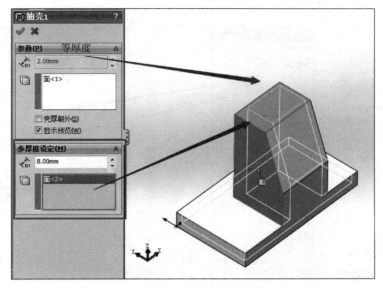

图 4.150　创建抽壳特征

六、孔特征

钻孔特征是指在已有的零件上生成各种类型的孔特征。SW 提供了两大类孔特征：简单直孔和异型孔。

(一)创建简单直孔

简单直孔是指在确定的平面上，设置孔的直径和深度，孔深度的"终止条件"类型与拉伸切除的"终止条件"类型基本相同。

图 4.151 为"终止条件"类型。

如图 4.152 和图 4.153 所示，简单直孔的创建的基本步骤如下。

(1)插入→特征→孔→简单直孔。

(2)实体钻孔。

图 4.151　"终止条件"类型

图 4.152　插入"孔"

图 4.153　实体钻孔

　　想要使得孔与圆柱体同心,选择"编辑草图",选中孔的圆弧和圆柱的圆弧边线,添加几何关系为"同心",如图 4.154～图 4.156 所示。

图 4.154　编辑草图

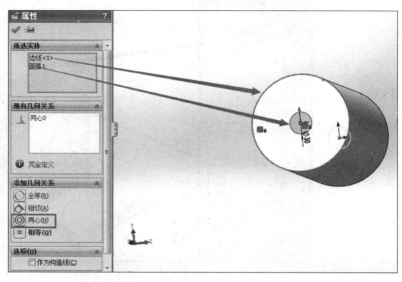

图 4.155　选中圆弧和边线

图 4.156　添加"同心"关系

(二)创建异型孔

　　异型孔就是具有复杂轮廓的孔,主要包括柱孔、锥孔、孔、螺纹孔、管螺纹孔和旧制孔 6 种。

　　异型孔的类型和位置都是在"孔规格"属性管理器中完成的。

七、筋特征

　　筋是零件上增加强度的部分,它是一种从开环或闭环草图轮廓生成的特殊拉伸实体,它在轮廓与现有零件之间添加指定方向和厚度的材料。

　　如图 4.157 展示了筋特征的效果。

　　生成筋特征的步骤如图 4.158～图 4.160 所示。

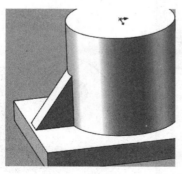

图 4.157　筋特征的效果

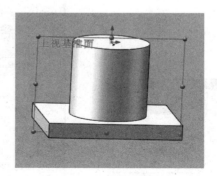

图 4.158　绘制草图

图 4.159 "筋"属性管理器

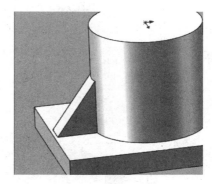

图 4.160 添加筋

假如实体为凸台,注意生成筋的草图不能与凸台圆边重合,否则会出现错误提示(图 4.161)。

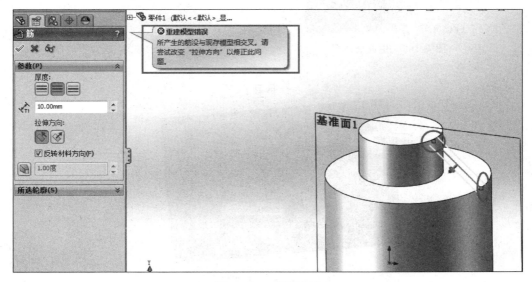

图 4.161 错误提示

实际生成筋效果如图 4.162 所示。

八、自由形特征

自由形特征与圆顶特征类似,也是针对模型表面进行变形操作,但是具有更多的控制选项,自由形特征通过展开、约束或拉紧所选曲面在模型上生成一个变形曲面。变形曲面灵活多变,很像一层膜。

生成自由形特征的步骤如图 4.163～图 4.165 所示。

九、比例缩放

比例缩放是指相对于零件或曲面模型的重心或模型原点进行缩放,比例缩放仅缩放模型几何体,常在数据输出、型腔等中使用,它不会缩放尺寸、草图或参考几何体。对于多实体零件,可以缩放其中一个或多个模型的比例。

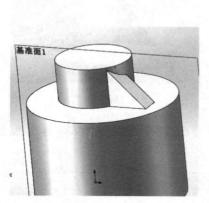

图 4.162　生成筋效果

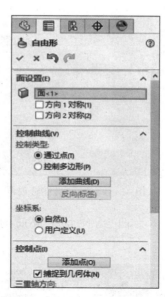

图 4.163　"自由形"属性管理器

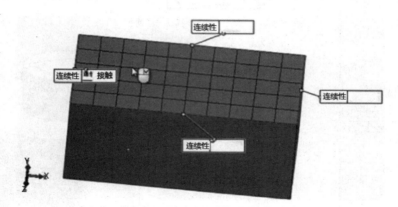

图 4.164　打开的文件实体

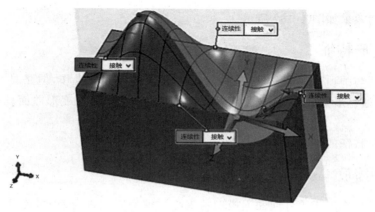

图 4.165　自由形的图形

比例缩放分为统一比例缩放和非等比例缩放,统一比例缩放即等比例缩放,该缩放比较简单。

步骤为:插入→特征→缩放比例,如图 4.166~图 4.169 所示。

图 4.166 打开的文件实体

图 4.167 "缩放比例"属性管理器

图 4.168 设置缩放的比例因子

图 4.169 缩放比例的图形效果

第五节 画图作业

一、基础绘图

已知零件图片(图 4.170~图 4.172),请结合第三章结尾作业所画出的无人机折叠件图纸,用 SolidWorks 画出无人机折叠件三维图。

图 4.170 实物参考图

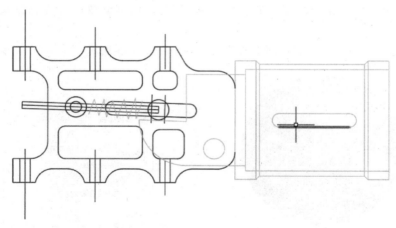

图 4.171　平面草图

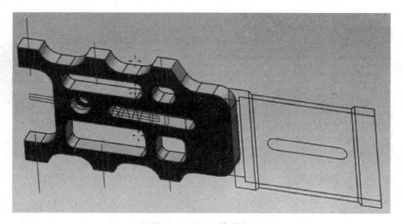

图 4.172　立体草图

二、进阶绘图

通过第一、第四章中所学知识,结合画图作业中所绘制折叠件、中心板等图纸(图 4.173 和图 4.174)绘制 S1000 无人机机架三维图纸。

图 4.173　实物参考图

图 4.174　绘图

第　五　章

3D 打印机操作

3D 打印机是无人机设计、生产中接触到的第三款操作设备。3D 打印机功能强大、操作简单，可以识别第一、第四章节中学习的 CAD、SolidWorks 软件所绘制的 STL 格式图纸；既可打印出所需形状的连接件、结构件，也是无人机企业生产、制作中不可或缺的一种仪器。

第一节　3D 打印概述

一、3D 打印的历史发展

1860 年，法国人 FranoisWillème 申请了多照相机实体雕塑（photosculpture）的专利。

1986 年，查尔斯·W. 哈尔（Charles W. Hull，图 5.1）成立了世界上第一家生产 3D 打印设备的公司：3DSystems 公司。他研发了现在通用的 STL 文件格式。

1988 年，3DSystems 公司在成立两年后，推出了世界上第一台基于 SL（立体光刻）技术的 3D 工业级打印机 SLA-250。同年，Scott Crump 发明了另一种更廉价的 3D 打印技术：熔融沉积成型（FDM）技术，并于 1989 年成立了 Stratasys 公司。

1989 年，美国得克萨斯大学奥斯汀分校的 C. R. Dechard（图 5.2）发明了选择性激光烧结

图 5.1　查尔斯·W. 哈尔　　　　　　图 5.2　C. R. Dechard

工艺(SLS)。SLS 使用的材料广泛,理论上几乎所有的粉末材料都可以打印,如陶瓷、蜡、尼龙,甚至是金属。

1991 年,Helisys 推出第一台叠层法快速成型(LOM)系统。

1992 年,Stratasys 公司在成立 3 年后,推出了一台基于 FDM 技术的 3D 工业级打印机。

1992 年,DTM 公司推出首台选择性激光烧结(SLS)打印机。

1993 年,美国麻省理工学院(MIT)的 Emanual Sachs 教授发明了三维打印技术(Three-Dimension Printing,3DP),是类似于已在二维打印机中运用的喷墨打印技术。

1995 年,ZCorporation 获得 MIT 的许可,并开始开发基于 3DP 技术的打印机。

注:美国麻省理工学院发明的三维打印技术只是"3D 打印"众多成型技术中的一种而已。我们通常所说的"3D 打印"并非特指 MIT 的这项 3DP 技术。

1996 年,3DSystems、Stratasys、ZCorporation(ZCorp)各自推出了新一代的快速成型设备,此后快速成型便有了更加通俗的称呼——"3D 打印"(图 5.3)。

1998 年,Optomec 成功开发 LENS 激光烧结技术。

2000 年,Objet 更新 SLA 技术,使用紫外线光感和液滴综合技术,大幅提高制造精度。

2001 年,Solido 开发出第一代桌面级 3D 打印机。

2003 年,EOS 开发 DMLS 激光烧结技术。

2005 年,ZCorp 公司推出世界上第一台高精度彩色 3D 打印机 SpectrumZ510,让 3D 打印从此变得绚丽多彩。

2007 年,3D 打印服务创业公司 Shapeways 正式成立,Shapeways 公司提供给用户一个个性化产品定制的网络平台。

2008 年,第一款开源的桌面级 3D 打印机 RepRap 发布,其目的是开发一种能自我复制的 3D 打印机。RepRap 是英国巴恩大学讲师 AdrianBowyer 于 2005 年发起的开源 3D 打印机项目,如图 5.4 所示。该项目的目标是使工业生产变得大众化,全球各地的每个人都能以低成本打印 RepRap 的组装件,然后用打印机制造出日常用品。桌面级的开源 3D 打印机为轰轰烈烈的 3D 打印普及化浪潮揭开了序幕。

图 5.3　3D打印作品(一)

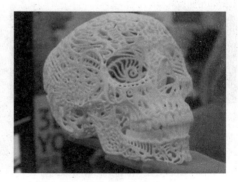

图 5.4　3D打印作品(二)

提示:值得一提的是,RepRap 打印机创始人 Adrian Bowyer 之前的研究领域是 3D 数字化几何建模。

2008 年,ObjetGeometries 公司推出其革命性的 Connex500 快速成型系统,它是有史以来首台能够同时使用几种不同的打印原料的 3D 打印机。

2009 年,BrePettis 带领团队创立了的桌面级 3D 打印机公司——MakerBot,MakerBot 打

印机源自于 RepRap 开源项目。MakerBot 出售 DIY 套件,购买者可自行组装 3D 打印机。国内的创客开始了仿造工作,个人 3D 打印机产品市场由此蓬勃兴起。

2010 年 12 月,Organovo 公司,一个注重生物打印技术的再生医学研究公司,公开首个利用生物打印技术打印完整血管的数据资源。

2011 年,英国南安普敦大学的工程师们设计和试驾了全球首架 3D 打印的飞机。这架无人飞机的建造用时 7 天,费用为 5000 英镑。3D 打印技术使得飞机能够采用椭圆形机翼,有助于提高空气动力效率;若采用普通技术制造此类机翼,通常成本较高(图 5.5)。

图 5.5　3D 打印发动机

2011 年,KorEcologic 推出全球第一辆 3D 打印的汽车 Urbee。它是史上第一台用巨型 3D 打印机打印出整个身躯的汽车,所有外部组件也由 3D 打印制作完成。

2011 年 7 月,英国研究人员开发出世界上第一台 3D 巧克力打印机。

2011 年,i. materialise 成为全球提供 14K 黄金和标准纯银材料打印的 3D 打印服务商。这在无形中为珠宝首饰设计师们提供了一个低成本的全新生产方式。

2012 年,荷兰医生和工程师们使用 LayerWise 制造的 3D 打印机,打印出一个定制的下颚假体。然后移植到一位 83 岁的老太太身上。这位老太太患有慢性骨感染。目前,该技术被用于促进新的骨组织生长。

2012 年,英国经济学杂志《经济学人》封面文章,声称 3D 打印将引发全球第三次工业革命(图 5.6 和图 5.7)。

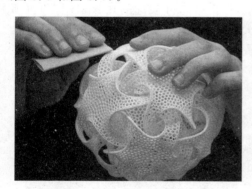

图 5.6　3D 打印作品(三)

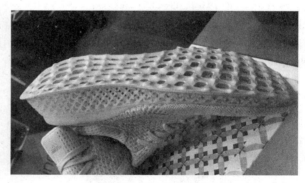

图 5.7　3D 打印作品(四)

2012 年 3 月,维也纳大学的研究人员宣布利用双光子光刻突破了 3D 打印的小极限,展示了一辆不到 0.3mm 的赛车模型。

2012 年 3 月,美国总统奥巴马提出投资 10 亿美元在全美建立 15 家制造业创新研究所。

2012 年 7 月,比利时的 International University College Leuven 一个研究组测试了一辆几乎完全由 3D 打印的小型赛车,车速达到了 140km/h。

2012 年 9 月,3D 打印的两个企业 Stratasys 和以色列的 Objet 宣布进行合并,合并后的公司名仍为 Stratasys,进一步确立了 Stratasys 在高速发展的 3D 打印及数字制造业中的领导地位。

2012年10月,来自美国麻省理工学院的团队成立Formlabs公司,并发布了世界上第一台廉价且高精度的SLA个人3D打印机Form1。国内的创客也由此开始研发基于SLA技术的个人3D打印机。

同期,中国3D打印技术产业联盟正式宣告成立。国内各类媒体开始铺天盖地报道3D打印的新闻。

2012年11月,中国宣布成为世界上第一个掌握大型结构关键件激光成型技术的国家。

2012年11月,苏格兰科学家利用人体细胞用3D打印机打印出人造肝脏组织。

2013年5月,美国分布式防御组织发布全世界第一款完全通过3D打印制造出的塑料枪(除了撞针采用金属),并成功试射。同年11月,美国SolidConcepts公司制造了全球第一款3D全金属枪,采用33个17-4不锈钢部件和625个铬镍铁合金部件制成,并成功发射50发子弹。

2013年,美国的两位创客(父子俩)开发出家用金属3D打印机,基于液体金属打印(LMJP)工艺,价格将低于10000美元。同年,美国的另外一个创客团队开发了一款名为Mini Metal Maker(小型金属制作者)的桌面级金属3D打印机,主要打印一些小型的金属制品,如珠宝、金属链、装饰品、小型金属零件等,售价仅为1000美元。

2013年8月,美国国家航空航天局(NASA)测试3D打印的火箭部件,其可承受2万磅推力,并可耐6000°F的高温。

2013年,麦肯锡公司将3D打印列为12项颠覆性技术之一,并预测到2025年,3D打印对全球经济的价值贡献将为2000亿~6000亿美元。

2014年7月,美国南达科他州一家名为Flexible Robotic Environments(FRE)的公司公布了新开发的全功能制造设备VDK6000,兼具金属3D打印(增材制造)、车床(减材制造,包括铣削、激光扫描、超声波检具、等离子焊接、研磨/抛光/钻孔)及3D扫描功能。

2014年8月,国外一名年仅22岁的创客Yvode Haas推出了3DP工艺的桌面级3D打印机PlanB,技术细节完全开源,自己组装费用仅需1000欧元。

2014年10月,国外3名创客成立的Sintratec公司,推出了一款SLS工艺的3D打印机,售价仅为3999欧元。

2015年3月,美国Carbon3D公司发布一种新的光固化技术——连续液态界面制造(continuous liquid interface production,CLIP),利用氧气和光连续地从树脂材料中逐出模型。该技术比目前任意一种3D打印技术要快25~100倍。

二、3D打印技术的分类

目前世界上已出现的3D打印快速成型技术已达十多种之多,包括SLM(选择性激光熔化成型)、SLS(选择性激光烧结成型)、DMLS(激光直接烧结技术)、EBDM(电子束熔化技术)、FDM(熔融沉积式成型)、SHS(选择性热烧结)、DLP/SLA(数字光处理)、3DP(三维打印技术)、CBP(细胞绘图打印)等。其中,主流的3D打印技术主要有SLA(光固化成型)、LOM(分层实体制造)、SLS(选择性激光烧结)和FDM(熔融沉积)四种。

虽然现有的3D打印技术种类很多,但根据所用材料及生成片层方式的不同,又可大致归纳为挤出成型、粒状物料成型、光聚合成型三大技术类型,并且每种类型又包括一种或多种技术路径。下面,介绍一下它们各自的特点和区别。

（一）熔融沉积成型 3D 打印机

目前出现的 3D 打印成型技术中，FDM（熔融沉积）成型技术就是典型的挤出成型类型。与其他的 3D 打印技术相比，FDM 是唯一使用工业级热塑料作为成型材料的积层制造方法，打印出的物件可耐高温高热、耐腐蚀性化学物质和抗强烈的机械应力，被用于制造概念模型、功能原型，甚至直接制造零部件和生产工具。

所谓 FDM 技术，就是利用高温将材料熔化成液态，通过打印头挤出后固化，最后在立体空间上排列形成立体实物。由于该技术具有原理简单、成本低廉等优势，也是目前 3D 打印机使用最为广泛的技术。而基于 FDM 成型技术制造的 3D 打印机产品，也是当前最常见的 3D 打印机设备（图 5.8）。

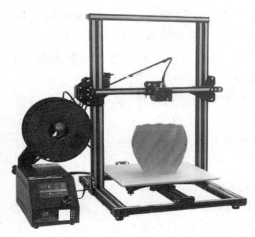

图 5.8　一种 3D 打印机

（二）光固化成型 3D 打印机

目前，光固化成型的 3D 打印成型技术主要有 SLA 和 DLP 两种。这两种光固化 3D 成型技术的成型原理极为相似，都是使用光敏树脂作为原材料，利用了液态光敏树脂在紫外激光束照射下会快速固化的特性。光敏树脂一般为液态，它在一定波长的紫外光（250～400nm）照射下立刻引起聚合反应，完成固化（图 5.9）。

但这两种技术也有所区别，SLA 成型技术主要通过特定波长与强度的紫外光聚焦到光固化材料表面，使之由点到线、由线到面的顺序凝固，从而完成一个层截面的绘制工作，这样层层叠加，完成一个三维实体的打印工作；而 DLP 成型技术则是利用投影仪，并以播放幻灯片的形式，将每一层图像投影在树脂层很薄的区域，使其发生光聚合反应实现固化，最终完成模型打印。

由于 DLP 成型技术能够快速完成整层树脂的固化工作，因此，基于该成型技术原理的光固化 3D 打印设备打印速度非常快，其成型速度要快于 FDM、SLA 等技术，也被业界视为第二代光固体成型技术（图 5.10）。

图 5.9　示例（一）

图 5.10　示例（二）

（三）粒状物料成型 3D 打印机

粒状物料成型的 3D 成型技术主要可分为两大类。

一类是有选择地在颗粒层中融化打印材料，而未融化的材料则生成物件的支撑或薄壁以减少对其他支撑材料的需求。主要包括选择性激光烧结（SLS）技术，可打印几乎所有合金材质的直接金属激光烧结（DMLS）技术，以及通过高真空环境下电子束将熔化的金属粉末层层叠加的电子束熔炼（EBM）积层制造技术。有关业内人士认为，上述三大 3D 成型技术是未来应用潜力最大的 3D 打印技术，也是目前金属 3D 打印机主要采用的成型技术（图 5.11）。

另一类是喷头式粉末 3D 成型打印技术。此类技术主要通过喷头喷出每一层石膏或树脂粉末的同时，都会通过横截面进行黏合，并重复该过程，直到打印完每一层。该技术允许打印全色彩原型和弹性部件，将蜡状物、热固性树脂和塑料加入粉末一起打印还可以增加强度。

（四）三种成型工艺的区别

在 FDM 中，长丝通过热挤出机进料并逐层沉积。使用的材料通常是热塑性塑料，它们可以与其他元素混合，包括木材，金属和碳纤维，这是其优于 SLA 的一个优点。SLA 只有有限的材料选择。在 FDM 中分辨率指的是电机的精度，而在 SLA 中它取决于激光束的紧密度。这就是 SLA 能够生成更高细节和准确度的对象的原因。FDM 的材料成本明显降低，因为打印机便宜，塑料卷轴也比树脂便宜。

图 5.11　一款粒状物料成型
3D 打印机

选择性激光烧结（SLS）涉及完全不同的方法，也涉及使用激光。虽然和 SLA 光固化一样也使用激光，但功能强大。这是因为，光束不是固化物质，而是将粉末加热到将其颗粒融合在一起的程度。通常与 SLS 组合的是直接金属激光烧结（DMLS）和选择性激光熔化（SLM），它们特别适用于金属。普通 SLS 适用于尼龙等聚合物。与使用其他技术制造的物体相比，SLS 印刷品特别坚固耐用。此外，由于 SLS 中不需要支撑，因此打印可能具有复杂的几何形状。SLS 通常无法与 SLA 的精度相比。

由于 SLS 机器采用了先进的高功率激光器，还可以对有害紫外线辐射的特殊屏蔽，因此打印机昂贵，几乎没有桌面或台式选项。SLS 粉末比液体光聚合物更昂贵。虽然光固化是第一个为快速原型开发而开发的工艺，并且是主要 3D 打印方法中最早的一种，但它仍然是创建具有高精度和耐用性的原型的有吸引力的解决方案。许多行业和业余爱好者使用这个过程来构建原型和最终产品，并且该技术继续变得更加经济实惠和易于使用。

三、3D 打印技术未来的发展

随着科技的高速发展，3D 打印技术也日益成熟，近年来，我国首次用金属 3D 打印技术打印出航空航天发动机，推进了航天事业的进一步发展。就目前的情况来看，我国的科技水平必然还会持续进步，所以国家对于 3D 打印项目的扶持肯定是会一直持续下去，因此它的未来市场还是非常值得期待的。

第二节　熔融沉积 3D 打印机

一、熔融沉积成型原理

FDM 是 Fused Deposition Modeling 的缩写，即熔融沉积成型，这项 3D 打印技术由美国学者 Scott Crump 于 1988 年研制成功。FDM 通俗来讲就是利用高温将材料熔化成液态，通过打印头挤出后固化，最后在立体空间上排列形成立体实物（图 5.12）。

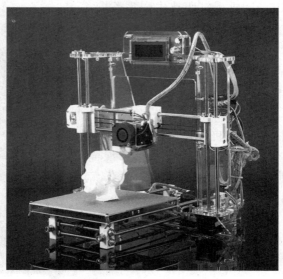

图 5.12　FDM 成品

FDM 机械系统主要包括喷头、送丝机构、运动机构、加热工作室、工作台 5 个部分（图 5.13）。熔融沉积工艺使用的材料分为两部分：一类是成型材料，另一类是支撑材料。

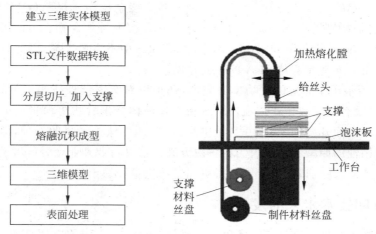

图 5.13　FDM 机械系统

将低熔点丝状材料通过加热器的挤压头熔化成液体，使熔化的热塑材料丝通过喷头挤出，挤压头沿零件的每一截面的轮廓准确运动，挤出半流动的热塑材料沉积固化成精确的实际部件薄层,覆盖于已建造的零件之上,并在0.1s内迅速凝固,每完成一层成型,工作台便下降一层高度,喷头再进行下一层截面的扫描喷丝,如此反复逐层沉积,直到最后一层,这样逐层由底到顶地堆积成一个实体模型或零件(图5.14)。

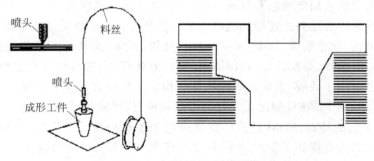

图5.14　FDM工艺原理图

　　FDM成型中,每一个层片都是在上一层上堆积而成,上一层对当前层起到定位和支撑的作用。随着高度的增加,层片轮廓的面积和形状都会发生变化,当形状发生较大的变化时,上层轮廓就不能给当前层提供充分的定位和支撑作用,这就需要设计一些辅助结构——"支撑",以保证成型过程的顺利实现。支撑可以用同一种材料建造,现在一般都采用双喷头独立加热,一个用来喷模型材料制造零件,另一个用来喷支撑材料做支撑,两种材料的特性不同,制作完毕后去除支撑相当容易。送丝机构为喷头输送原料,送丝要求平稳可靠。送丝机构和喷头采用推-拉相结合的方式,以保证送丝稳定可靠,避免断丝或积瘤。

二、熔融沉积成型优点

　　(1)成本低。熔融沉积造型技术用液化器代替了激光器,设备费用低;另外,原材料的利用效率高且没有毒气或化学物质的污染,使得成型成本大大降低。

　　(2)采用水溶性支撑材料,使得去除支架结构简单易行,可快速构建复杂的内腔、中空零件以及一次成型的装配结构件。

　　(3)原材料以卷轴丝的形式提供,易于搬运和快速更换。

　　(4)可选用多种材料,如各种色彩的工程塑料ABS、PC、PPS以及医用ABS等。

　　(5)原材料在成型过程中无化学变化,制件的翘曲变形小。

　　(6)用蜡成型的原型零件,可以直接用于熔模铸造。

　　(7)FDM系统无毒性且不产生异味、粉尘、噪声等污染。不用花费成本建立与维护专用场地,适合于办公室设计环境使用。

　　(8)材料强度、韧性优良,可以装配进行功能测试。

三、熔融沉积成型缺点

　　(1)原型的表面有较明显的条纹。

　　(2)与截面垂直的方向强度小。

　　(3)需要设计和制作支撑结构。

　　(4)成型速度相对较慢,不适合构建大型零件。

　　(5)原材料价格昂贵。

（6）喷头容易发生堵塞,不便维护。

四、熔融沉积成型技术的应用

FDM 快速成型机采用降维制造原理,将原本很复杂的三维模型根据一定的层厚分解为多个二维图形,然后采用叠层办法还原制造出三维实体样件。由于整个过程不需要模具,所以大量应用于汽车、机械、航空航天、家电、通信、电子、建筑、医学、玩具等产品的设计开发过程,如产品外观评估、方案选择、装配检查、功能测试、用户看样订货、塑料件开模前校验设计以及少量产品制造等,也应用于政府、大学及研究所等机构。用传统方法须几个星期、几个月才能制造的复杂产品原型,用 FDM 成型法无须任何刀具和模具,瞬间便可完成。

由于 FDM 工艺的特点,FDM 已经广泛地应用于制造行业。它降低了产品的生产成本,缩短了生产周期,大大地提高了生产效率,给企业带来了显著的经济效益。

五、3D 打印机的操作细节及注意事项

（一）调平打印平板

调平打印平板（打印前至关重要的一步）是打印机第一次使用、长期未使用或设备被搬动后进行打印操作的第一步。这里的调平不仅指调整平台水平,还包括调整控制平台与喷头间距在一个合理范围内,而这个距离通常为一张 70g A4 纸的厚度。此操作关系到打印时第一层熔融的打印材料 PLA 或 ABS 是否能完美地粘贴在打印平板上,随后一层一层堆叠上去,最终形成一个均无拉丝的打印件。为了提高打印质量,需谨慎精准操作此步。就本打印机而言,可以用铣刀将工作台平面的四角铣平整进而调整工作台;或者通过不断在工作台的四角处来回移动,用加垫片或其他填充物品的方式调整工作台的水平程度。

（二）导出 STL 模型文件

将模型文件存储为 STL 格式,因为之后 REPETIER-HOST 软件可以直接将 STL 格式转化为打印机可识别的 gcode 文件。而 STL 文件可以通过广泛使用的三维建模软件如 Solid Works、UG、3d Max 等在建模后直接另存为导出;也可以通过相关的模型网站,下载得到 STL 文件。

（三）CURA 软件切片操作效果较好

导入 STL 格式的三维模型文件,导入后会出现一个实体模型。

更改以下四个设定参数:

（1）层高 0.1mm 或 0.2mm;

（2）打印速度 60~80mm/s;

（3）填充量（壁厚大于 1.2mm 时选择,一般为 20%）。;

（4）支撑类型（当有悬空的部件时选择）生成 STL 文件,俗称切片,即打印所需的 gcode 文件形式。

（四）关于 CURA 每个参数的具体含义

（1）层高:打印模型由计算机软件生成每一层切面的层高。需要打印很精细的模型时,通常可以选择 0.2mm;如果对打印质量要求高,可以选择 0.1mm 或者 0.05mm。层高越大意味着打印质量越差,好处是打印时间缩短,所以要根据模型具体的用途选择层高。实际情况 0.1mm 的层厚效果很令人满意。

（2）壁厚：模型切面外层的厚度，通常设置成喷嘴直径的倍数（0.4n）。例如，如果需要双层壁厚，0.4mm 的喷嘴就可以设成 0.8mm，一般推荐使用 1.2mm 的壁厚。

（3）开启回收：使能回缩，当打印时喷嘴需要跨越空白区域时（比如模型出现空腔结构），挤出机构会将喷头里的材料根据设置按照一定的速度回缩一定长度，减少挤出材料持续流出破坏空白结构。

（4）底部/顶部厚度：设定打印底层打印多少层之后才开始按填充率（Fill Density）打印的参数，一般会设置成层高的倍数。如果设置厚一点的话效果较为美观，机构性也较强，但是需要花更长的时间。

（5）填充密度：内部填充比率，设置成 100 时是完全填充。需要注意的是，如果需要完全中空的打印效果只需要设置成 0。一般设定为 20。

（6）打印速度：对于较大的规则模型，速度可以设定为 80～100mm/s，模型越小，相应速度越低，如硬币大小的模型则速度设定为 30mm/s。

（7）打印温度：温度设置，可以说是一个全局的参数设置。对于 ABS 耗材一般设置为 230℃。

（8）支撑类型：设置是否打印支撑或者模型底部的网状支撑结构（底板与模型的过渡）。支撑选项是通过下拉方式选择的，三个选项依次是：不添加任何支撑（None）、仅仅外观添加支撑（Exterior Only）和处处都添加支撑（Everywhere，包括模型内部），一般设置时选择"仅外观添加"即可。

（9）线材直径：材料的初始设置，无须频繁改动。TMTCTW 材料直径填 2.95mm，Packing density 材料密度推荐填 1.00，因为一般我们提供的材料在 1.23～1.28g/cm³ 左右。

注：打印之前，务必保证有足够此次打印的 ABS 线材；打印过程中，喷头温度达到 200℃以上高温，请勿将身体或易燃易爆物品靠近喷头。

（五）润滑打印机运功机构

在打印机正常使用一个月后，或者打印机长时间未使用需要启用时，需要给打印机上一些润滑脂。润滑脂可以保持机械运动的顺滑，减小运动摩擦，延长打印机寿命。润滑方法说明如下。

（1）关闭打印机电源。

（2）打开润滑脂，戴上手套，用手指挖取一定量的润滑脂，均涂抹在打印机 X、Y、Z 轴光杆丝杠。

（3）用手来回滑动打印喷头几次，并调整打印平板升降，让润滑脂充分填满运动区域。

（六）关于换丝

（1）挤出头中没有丝的情况：重新插入塑料丝。在挤出头已经加热到指定的温度后，请将材料插入挤出机，到喉管位置时，不要插到底，刚进入喉管就可以了，这是为了防止材料因长时间不用后受热膨胀的情况发生。

（2）挤出头中有丝的情况：先将挤出头加热到指定温度，退出材料（温度不够不要暴力拔出来，如果因此有塑料断在喉管里，那就只能拆机了）。然后按步骤（1）重新放入材料就好了。

加热是一个大问题，处理不好就会堵丝。ABS 材料的加热温度应该在 200～230℃，温度太低会因为不能熔化而堵丝，温度太高会因为材料膨胀面堵丝。要记住以下几点：打印的速度越快，温度也要越高，反之则越低。打印的速度太慢也不行，太慢了肯定要因为膨胀而堵丝的。如果材料膨胀，加热挤出头后，用手配合挤出头电机，把材料倒拔出来，然后把膨胀的部分剪掉,再放进去。

（七）关于堵丝

（1）如果在打印过程中不是因为异物堵丝,多数和打印参数的设置有关系,例如,流量设置得太大,造成进丝速度快于出丝速度,那就只能堵了。此时按换丝的第二步,抽出塑料丝,剪掉一部分,再重要插入,不要插到底。

（2）异物堵丝。

（3）一般来说,材料自身或外来异物的可能性比较小,多数是因为塑料在加热头中因为长时间加热碳化成颗粒状后造成的堵丝,此时,可以停下机器,手动操作挤出机多挤出一些丝来,把加热头的内腔清理干净即可。

（4）因为材料受热膨胀引起的堵丝。

（5）堵丝现象在使用 PLA 时发生的可能性很高。ABS 材料此现象较少发生,遇到这种情况,只能是加热挤出头到指定温度,然后退出材料,剪掉头部膨胀的部分后再插入材料,刚进入喉管一部分就可以了。

（6）喉管中残余塑料引起的堵丝。

（7）加热到材料所能使用的最高温度,加热时不要开挤出头的散热风扇,好让喉管部分也加热。然后插入塑料丝,让塑料丝往下挤,一般能挤出残余的塑料,如果电动机"咔咔"响挤不动,可以用手帮忙向下压。也可以用钳子夹住塑料丝往下压(用手力气不要太大)。

（八）注意事项

（1）打印完成后,不要直接关闭机器的电源,而是要使挤出头的散热风扇继续工作,以便快速把温度降下来,这样可以减少材料在喉管内受热膨胀引起堵丝。再次加热时也要打开散热风扇。

（2）不要在没有使用打印机时长时间加热挤出头,这样做会因材料膨胀而引起堵丝。

六、常见故障及解决方案

随着 3D 打印机的普及,购买 3D 打印机的公司和个人也越来越多,虽然在使用的过程中 3D 打印机出现故障的概率很小,小故障偶尔还会出现。

（一）打印物体卷曲边缘

导致模型翘曲的原因是平台太低,喷嘴和热床的温度太低,并且喷嘴排出口未充分冷却。故障原因如下。

1. 平台太低

加热平台由平台下方的四个调节螺栓固定。如果在 3D 打印机工作之前平台和喷嘴之间的间隙未调整到适当的距离,则材料未黏合将不会引起卷曲。根据环境、消耗品等因素,可以适当缩小差距。

2. 喷嘴和热床温度

最广泛使用的消耗品是 ABS 和 PLA 线。PLA 的印刷温度在 190～210℃,ABS 约为230℃,热床一般为 60～70℃。

3. 排放口冷却不充分

令却风扇出厂设置为全速打印。检查风扇是否停止或速度是否过低。如果有任何异常,应将其拆下并更换为相同型号。出口冷却风扇位于喷嘴的左侧。

（二）堵塞

由于各种原因,插头通常被称为阻挡器,包括喷嘴温度、冷却、消耗品或不正确的操作。故障原因如下。

1. 喷嘴温度太低

喷嘴温度过低会导致保险丝慢慢流出并导致堵塞。通过反复研究和实验获得了送丝速度、喷嘴温度和喷嘴熔池,包括排出口尺寸的最佳配合。如果单方面发生变化,就会出现这种情况。

2. 冷却

冷却风扇与排放冷却风扇相对。如果风扇停止或异常,应更换风扇。

（三）打印错误

印刷缺陷的主要原因是不均匀的丝状物。问题的关键是温度设置不正确。不均匀的分布会导致在印刷过程中偶尔喷射大块熔化的丝绸。如果操作不当,请参阅使用注意事项。

（四）打印漂移

打印漂移(也称为打印未对准)由打印速度设置过高引起。本机采用的电机是由知名企业生产的步进电机,使用寿命可达数万小时。如果修改了出厂默认参数,则电机可能会严重受热、损坏,内部结构可能会膨胀,导致动态反应迟缓。另一个原因是模型切片产生代码错误,应逐一检查。

第三节　光固化 3D 打印机

一、光固化成型原理

在树脂槽中盛满液态光敏树脂,它在紫外激光束的照射下会快速固化。成型过程开始时,可升降的工作台处于液面下一个截面层厚的高度,聚焦后的激光束,在计算机的控制下,按照截面轮廓的要求,沿液面进行扫描,使被扫描区域的树脂固化,从而得到该截面轮廓的树脂薄片。然后,工作台下降一层薄片的高度,已固化的树脂薄片就被一层新的液态树脂所覆盖,以便进行第二层激光扫描固化,新固化的一层牢黏结在前一层上,如此重复不已,直到整个产品成型完毕。最后升降台升出液体树脂表面,取出工件,进行清洗、去除支撑、二次固化以及表面光洁处理等(图 5.15)。

二、光固化成型优点

（1）成型过程自动化程度高。

（2）尺寸精度高,SLA 原型的尺寸精度可以达到±0.02mm。

（3）表面质量优良。

（4）系统分辨率较高,可以制作结构比较复杂的模型或零件。

三、光固化成型缺点

（1）零件较易弯曲和变形,需要支撑。

（2）设备运转及维护成本较高。

（3）可使用的材料种类较少。

（4）液态树脂具有气味和毒性,并且需要避光保护。

图 5.15　光固化成型示例

（5）打印后零件较脆、易断裂。

四、光固化成型应用

SLA 激光光固化快速成型技术适合于制作中小型工件，能直接得到树脂或类似工程塑料的产品。主要用于概念模型的原型制作，或用来做简单装配检验和工艺规划；由于 SLA 的成型方式与结构复杂程度无关，因此 SLA 比较适合制作一些结构复杂的电子类产品，如计算机及周边产品、音响、相机、手机、MP3、掌上计算机、摄像机等。以及一些结构复杂的家电类产品，如电烫斗、电吹风、吸尘器等。

五、光固化装配及调平说明

请严格按以下步骤进行调平。

（1）取出机器后撕掉外壳上的塑料保护膜。

（2）将拉手安装在上顶盖上，如图 5.16(a)所示。

（3）将上顶盖打开，检查并保持屏幕及平台上干净无杂物。如图 5.16(b)所示(此时不需安装料槽和打印平台)。

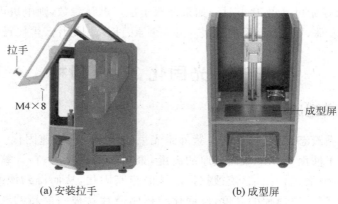

（a) 安装拉手　　　　　　　　　(b) 成型屏

图 5.16　光固化装配及调平

（4）插上电源，打开电源开关。

（5）如图 5.17 所示，严格按以下步骤开始进行调平：单击操作屏上的"工具"→"移动 Z 轴"→"归零"，等待 Z 轴下降并自动停止。

（6）将平台组件上的顶丝拧松。如图 5.18 所示。

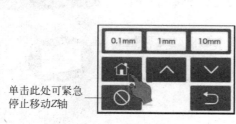

图 5.17　控制面板

图 5.18　拧紧顶丝

（7）如图 5.19(a)和(b)所示，放一张 A4 纸在屏幕上，安装平台至平台支架，拧紧红色的平台固定旋钮(如无法插入，单击操作屏上的"0.1mm"或"1mm"后上升 Z 轴，直到平台能插入到支架上)。

（8）安装平台后，若平台距离屏幕略远时，则如图 5.20 所示，单击操作屏上的"0.1mm"或"1mm"降低 Z 轴(每次只按一下，切勿连续单击，避免平台撞到屏幕)，直到抽动 A4 纸有阻力，此时用手按压平台上方，是平台四个角受力均匀地贴合在屏幕上，拧紧平台顶丝至锁紧，如图 5.21 所示。

Z 轴下降时，如不慎单击过多，则立即停止下降。平台不能一边高一边低，不能倾斜；如图 5.21 所示，当两条线平行时拧紧顶丝，再用扳手将短柄锁紧。

平台
A4纸

(a)

图 5.19　操作示例

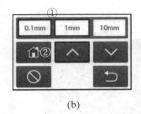

(b)

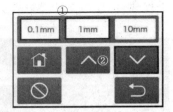

图 5.20　降低 Z 轴

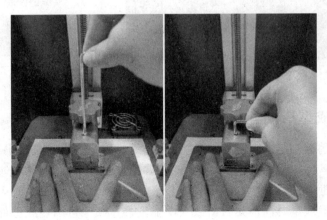

图 5.21　拧紧顶丝

（9）再次单击屏幕，移动 Z 轴高度(上移/下移)，并抽动 A4 纸看是否有明显的阻力，以阻力较大，但还是能将 A4 纸抽出为准，结束调整 Z 轴高度。

（10）上述调平完成后，单击设置当前现位置为首层打印起始高度(该位置不同于归零 Z 轴位置，图 5.22)。具体操作为：返回至主界面，单击"工具"界面中 Z=0，此时将会弹出提醒界面，如图 5.23 所示，单击"确定"完成。

（11）上升平台 120mm 左右，检测 UV 灯是否正常工作。如图 5.24 所示，按下操作屏"工具"→"检测"→"下一步"，屏

Z轴归零位置
打印首层开始位置(Z=0)

树脂料盒底部

图 5.22　打印起始高度

幕上若能完整地显示一矩形方框,则表示 UV 灯正常工作,如图 5.25 所示。

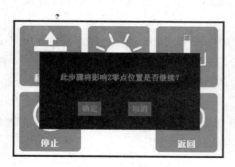

图 5.23　提醒界面

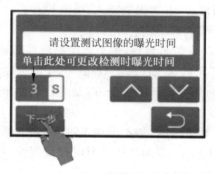

图 5.24　检测操作

（12）安装料槽。将料槽推入底板,且与底板上料槽限位螺丝接触为标准,最后拧紧两边的手拧螺母,如图 5.26 所示。

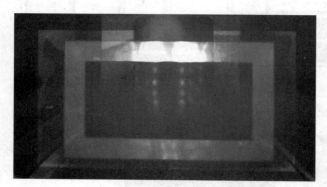

图 5.25　UV 灯正常工作

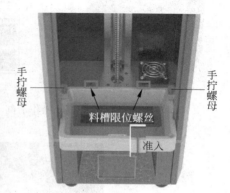

图 5.26　操作示例

六、光固化成型后期处理

除去未经固化的树脂后,还要对原型进行充分的后固化。由于是分层加工,所以模型表面有台阶纹。表面喷砂可以去除台阶纹,得到比较好的表面质量。成型方向对于台阶纹和成型时间影响很大。通常,沿着长轴方式,垂直成型会耗时较长但是台阶纹较小。而沿着长轴方式水平放置原型会缩短成型时间但是台阶纹会明显增多。喷漆可以使成型件更美观。

七、光固化 3D 打印机日常维护及使用技巧

（一）设备的安装

（1）避免粉尘,无阳光直射,干燥通风良好,室温 20～28℃为宜。

（2）设备插座必须接电线,摆放位置平整,无其他机械震动。

（二）设备的使用

（1）设备的外壳清洁。使用抹布清洁灰尘,不可用酒精擦拭。

（2）设备在打印前,确保铝板干净,无其他杂质；铝板安装到位,不偏斜,不晃动。

（3）确保液槽内树脂无其他硬质杂质,打印前搅拌均匀。

（4）选择打印的模式必须与液槽树脂匹配，不可错乱选择打印。

（三）设备的维护

（1）防尘玻璃建议每周清洁一次（如灰尘较多，可增加清洁次数）。使用无尘布擦拭。

（2）打印机工作台面每天都需要清洁灰尘及杂物，避免落入液槽影响打印。

（3）液槽内树脂清洁建议每周过滤一次（如使用频繁，可增加清洁次数）。

（4）液槽的分离膜，在打印前搅拌液槽树脂，不可用锋利的工具，以免损伤分离膜；分离膜有污渍时，用消毒酒精进行擦拭清洁。

（5）液槽的玻璃板用洗洁精或者洗手液清洗；也可直接用酒精擦拭。

第四节　操　作　作　业

通过已有 dwg 格式文件，3D 打印出一架 RQ-11 无人机，如图 5.27 和图 5.28 所示。

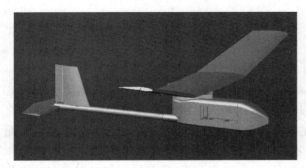 

图 5.27　作业样式图　　　　　　　　　　　图 5.28　实物图

第 六 章

多旋翼无人机装配

　　无人机的生产中,装配和调试是最基础的环节,同时也是一个综合的环节,需要装配人员具备较高的焊接技术及组装技能,调试中又比较考验组装人员的耐心及处理问题的应急反应能力。在装配过程中,装配人员会积累大量的各部件使用及问题处理经验,经验比较丰富的装配人员能够很好地改造或设计一些比较合理的零部件,为无人机的设计提供更有利的设计方案。

　　本章我们学习一款准工业级的无人机装配及调试,在学习中,带领同学们掌握更多的组装和调试技能,为毕业后的工作打下坚实基础。

第 一 节　平 台 组 装

　　多旋翼无人机在工作中需要挂载任务载荷。多旋翼无人机在载重和续航方面比较薄弱,所以,在设计多旋翼无人机的飞行平台时我们首先要考虑的是机身材料的坚固性和重量,一种材质轻盈又坚固的材料可以让无人机拥有轻型机身,对于飞行性能有极大的提高。日常工作中,我们常见的多旋翼无人机会使用碳纤维材料作为机身材料,我们教学用的教具也是使用全碳纤设计。

　　在组装之前,先把需要焊接的部分完成,同时,对整个无人机的供电和线路链接做好规划。

一、焊接

(一)电机香蕉头焊接

　　无人机装配中,电机和电调的香蕉头是必焊部件,其次是分电板。香蕉头的焊接非常简单,利用之前所学知识完成焊接就可以,切忌不要虚焊。电机的香蕉头焊接公头,电调焊接母头(图 6.1)。

(二)分电板

　　我们使用的分电板带双路 BEC 输出,采用加厚铜箔,表面沉金处理,最大支持 100A 电流通过。高效率的双路 BEC 电路结构可支持 6S 锂电输入,一路输出 12V,另一路采用可调方

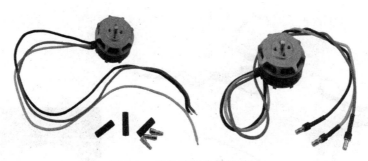

图 6.1　电机香蕉头焊接前后

式,使用者可以根据实际需求自行调整,支持 3～20V 可调,12V 的 BEC 可给无刷云台、5.8G 图传或 FPV 摄像头直接供电,5V 可以给开源飞控、Gopro 供电。

需要注意在使用 BEC 输出端口前,请用万用表测量实际输出电压,以确保能达到使用要求(图 6.2)。

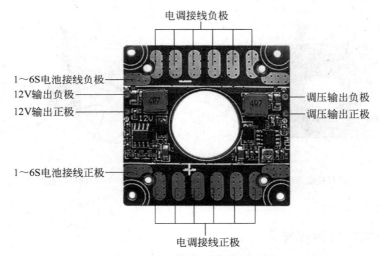

图 6.2　分电板线路焊接示意图

认清分电板后开始焊接电流计、电调、电台或云台的输入接线,焊接前需要做好线路的规划,避免出现错乱交叉的现象。

(三)电流计焊接

电流计又称电池检测器,安装电流计后,我们可以在地面站检测电池的数据信息。我们使用的电流计如图 6.3 所示,有公头和母头,另外一个小白头连接飞控。根据电池插头的特性,剪掉另外一头焊接在分电板上即可,剩下的一头使用时连接电池。如电池的插头为公头,需要剪掉电流计的共头并焊接在分电板上即可,如图 6.4 所示。

需要注意的是,电流计在使用时,一定是要连接了负载才能接通电池,否则电池的电流会击穿电流计,导致飞控烧坏(图 6.5)。

(四)电调焊接

焊接电调时根据机架的布局合理规划线路,做到线路清晰、清爽(图 6.6)。

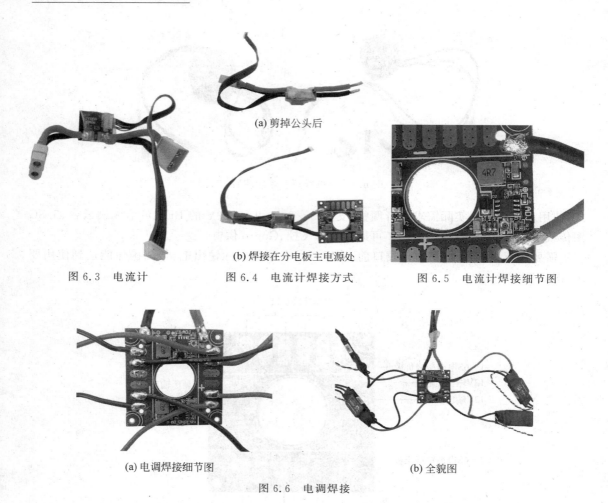

(a) 剪掉公头后

图 6.3 电流计　　　　　图 6.4 电流计焊接方式　　　　图 6.5 电流计焊接细节图

(b) 焊接在分电板主电源处

(a) 电调焊接细节图　　　　　　　　　　　(b) 全貌图

图 6.6 电调焊接

（五）载荷供电电源焊接

在无人机设计和装配时,要充分考虑载荷及载荷链路的供电问题,前期规划供电方案。在我们的准工业级教具中,无人机搭载两轴云台、图传电台。图 6.7 为这两个载荷的供电电源焊接方式。

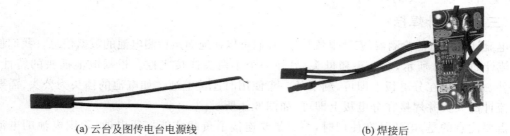

(a) 云台及图传电台电源线　　　　　　　　　(b) 焊接后

图 6.7 载荷供电源电焊接

准工业级教具需要焊接的地方已经全部结束,开始进行平台的组装,准备好组装中需要用到的所有工具。

二、电机与电机座组装

在多旋翼无人机中,电机座有很多种,有的是与机臂一体的,有的是需要组装好电机座固定在机臂上。我们使用的教具机臂是碳纤圆管,圆管机臂的强度较方管更有保障,且不易变形,可以承受多种外力,对弯扭外力的削弱很有效果。此外,配合碳纤维材料的使用,可以使整个机身的重量得到很大的减小,使机臂的强度有效提升,对于启动电机瞬间的抗突变扭力很有帮助。所以,电机座的设计就需要是分体式的。这种设计的电机座,通常是先安装好电机后再固定在机臂上即可(图6.8)。

(1)用螺丝将电机座上板固定在电机底部,注意电机的输入线靠近线路出口处,便于后期布线,如图6.9所示。

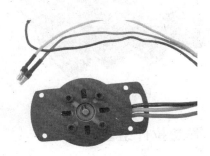

图·6.8　配件图　　　　　　　　　图6.9　输入线出口引出

(2)如图6.10所示,依次套入4根长螺丝,并装入4个机臂卡扣。

(a)预装螺丝　　　　　　　　(b)装入机臂卡扣

图6.10　装入螺丝和机臂卡扣

(3)如图6.11所示,安装电机座底板(螺丝不要拧太紧)。

(4)装入机臂,确保机臂顶端与电机座外侧卡扣持平,并拧紧所有螺丝,如图6.12所示。电机输入线穿进机臂内。

图6.11　安装电机座底板　　　　　图6.12　拧紧螺丝

（5）如图 6.13 所示，按照如上步骤，组装好四组电机与电机座。

三、折叠件组装

随着无人机技术的发展，无人机的应用越来越广，对多旋翼无人机的续航能力及载重能力要求也越来越高。整体来说，工业级的多旋翼无人机轴距普遍较大，存放占地面积也较大，给运输造成诸多不便。所以，在无人机设计中，使用折叠件连接机臂与中心板，存放或运输无人机时将机臂折叠起来节省存放空间（图 6.14）。

图 6.13　组装好的部件　　　　　　图 6.14　折叠件

四、弹簧拉杆组装

弹簧拉杆主要起到伸缩折叠件部件的作用，其组成如图 6.15 所示。

如图 6.16 所示，装好弹簧拉杆，注意弹簧挂钩要嵌入拉杆的凹槽内。

(a)挂入单杆　　　(b)挂入双杆

图 6.15　弹簧拉杆配件图　　　　　图 6.16　装弹簧拉杆

五、折叠件安装

折叠件配件如图 6.17 所示，安装步骤如下。

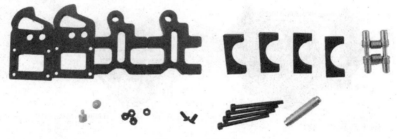

图 6.17　配件图

（1）在两个侧板中间嵌入弹簧拉杆，如图6.18所示。

（2）组装好另外两个侧板，外侧两端拧入银色螺丝（图6.19）。

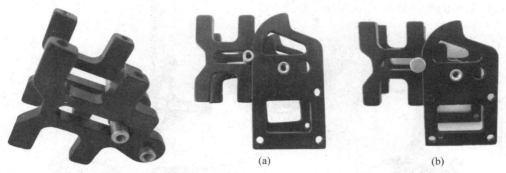

图6.18　嵌入弹簧拉杆　　　　　　图6.19　拧紧外侧螺丝

（3）装入铝柱（图6.20）。

（4）拉平折叠件，并用螺丝固定紧实侧板，铝柱处不安装螺丝（图6.21）。

图6.20　安装铝柱　　　　　　　图6.21　紧实侧板

（5）装入机臂卡扣（图6.22）。

六、折叠件安装

（1）装好的折叠件固定在机臂另一侧，注意在正常使用时，机臂是向下折叠，所以安装折叠件时要区分上下面，防止安装错误（图6.23）。

图6.22　装入机臂卡扣　　　　　　图6.23　检查方向

（2）确定电机中心与折叠件中心在一条直线后拧紧螺丝，以同样的方式组装完剩余三组（图6.24）。

七、云台上板安装

云台上板的配件如图 6.25 所示,安装步骤如下。

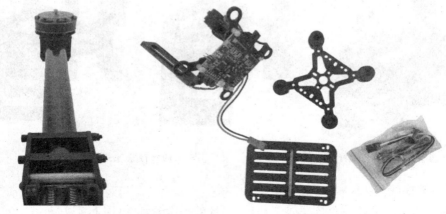

图 6.24　确定直线安装　　　　　　图 6.25　配件图

(1) 在云台上板外侧 4 个预留孔中固定铜柱(图 6.26)。
(2) 用无人机机身螺丝固定好电池舱底板(图 6.27),注意一定要用无人机机身螺丝。

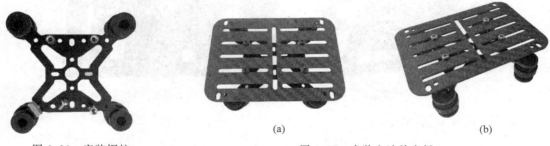

(a)　　　　　　　　　　　(b)

图 6.26　安装铜柱　　　　　　图 6.27　安装电池舱底板

目前组装好的部件为备用部件,便于后期搭载云台,云台的下板可先不组装。

(3) 云台与下中心板组装(图 6.28)。

① 4 根红色立柱装在机舱下中心板,用螺丝拧紧(下中心板为厚度略厚的),如图 6.29 所示。

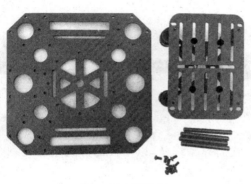

图 6.28　配件图　　　　　　图 6.29　安装立柱

② 装入云台上板(云台上板在基础载荷包内)(图6.30)。

注：现在预留出来的这个空间是电池舱，为保证正常飞行时电池的紧固性，电池舱的长宽高与电池的长宽高相等。为避免在工作中漏出的螺丝帽扎破电池的热缩皮，可在螺丝帽上方贴一层胶带(图6.31)。

图6.30　安装云台上板

图6.31　附胶带

八、脚架安装

脚架配件如图6.32所示。

(1) 在下中心板两侧安装脚架连接器(图6.33)。

图6.32　配件图

图6.33　安装连接器

(2) 脚架圆管有一端是打孔的，打孔的一段装入到脚架连接器里并用螺丝固定牢固，如图6.34所示。

(a)

(b)

(c)

图6.34　支架安装

（3）安装脚架接地横杆，注意保证平衡（图 6.35）。平衡性可用水平球测量一下。

图 6.35　接地横杆安装

九、机臂安装

依次将组装好的机臂安装在下中心板，如图 6.36 所示。

(a)　　　　　　　　　　　　　　　　(b)

图 6.36　机臂安装

十、安装分电板

截取长宽尺寸与分电板尺寸一致的 3M 胶，将分电板固定在中心舱内，电流计方向即为机尾方向，电机与对应电调相连接（图 6.37）。

(a)　　　　　　　　　　　　　　　　(b)

图 6.37　安装分电板

检查整个机身的平衡性及牢固度，最后进行调整。如果没有问题，机身装配工作暂停，开始飞控调试的准备工作（实际工作中根据飞控的性质进行，有些飞控是正常安装在机身之后才能校准）。

第二节　遥控器设置

一、遥控器面板详解

遥控器各功能件如图 6.38 所示。

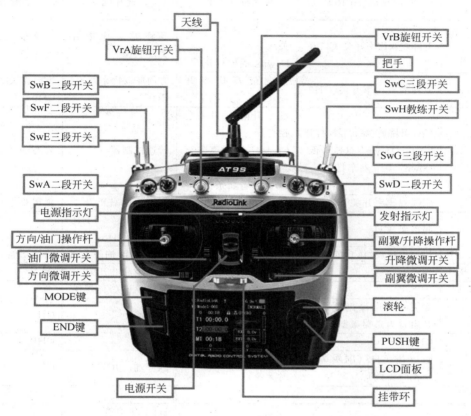

(a) 左手油门mode2

(b) 开关

图 6.38　遥控发射器面板说明

二、遥控器开关

遥控器开关说明见表6.1。

表 6.1　遥控器开关说明

开关/旋钮（A 或 H）	固定翼机（ACRO）	滑翔机（GLID）	直升机	多旋翼机
开关 A	升降舵双比率开关/CH10	升降舵双比率开关/CH10 Down：混控打开	升降舵双比率开关/CH10	升降舵双比率开关/CH10
开关 B	方向舵双比率开关/CH9	方向舵双比率开关/CH9	方向舵双比率开关/CH9	方向舵双比率开关/CH9
开关 C	Up：升降舵-襟翼混控打开 Center/Down：怠速降低 Down：空气刹车打开	Up：升降舵-襟翼混控打开 Center：远距离飞行条件 Down：着陆条件	转速控制器	姿态选择
开关 D	副翼双比率开关	副翼双比率开关	副翼双比率开关	副翼双比率开关
开关 E/G'	起落架/CH5	—	油门锁定（THRHOID）/CH5	—
开关 F/H'	快速横滚/教练功能	教练功能	教练功能/油门关闭	教练功能
开关 G/E'	无	Up：速度飞行条件	高速 1 和 2 开关	无
开关 H/F'		Down：起飞飞行条件	高速 3 开关/陀螺仪	
旋钮 A	襟翼/CH6（襟副翼混控开启时为襟翼微调）	襟翼/CH6	悬停桨距	CH6
旋钮 B	CH8	CH8	CH8	CH8
旋钮 C	阻流板/CH7（副翼差动工作时无效）	CH7（副翼差动工作时无效）	悬停油门/CH7	CH7
滑竿 D	—	CH5	—	—
滑竿 E	—	—	H1-PIT 高变距	—

三、遥控器基本设置

1. 语言设置
在系统设置菜单下，选择语言项，转动拨盘可将菜单语言设置为中文或英文。

2. 遥杆模式
在发射机设置菜单下，遥杆模式可用滚轮选择 4 种模式，分别为"1/2/3/4"，将其设置为正确模式。这不会改变油门和升降舵方向。这些机械上的更改应由售后服务中心完成。

3. 发射模式
当发射模式打开时，发射状态指示灯绿灯亮，否则灯灭。

4. 背光调节
调节背光数字，可增强或减弱背光灯的强度。

5. 用户名字
通过转动拨盘，依次确定每个位置的字母符合或数字，从而设置用户的名字。

6. 报警电压

- 发射报警：设置发射机电源报警值。
- 接收报警：设置接收机电源报警值。
- 动力报警：设置飞机电源报警值。

7. 机型选择

在基础菜单页面，转动拨盘至机型选择子菜单，按 PUSH 键进入机型选择，转动拨盘即可选择需要的机型，按 PUSH 键 1s 以上出现"确认改变?"字样，再次按下 PUSH 键确认。

8. 对码

每个发射机都有独立的 ID 编码。开始使用设备前，接收机必须与发射机对码。对码完成后，ID 编码则存储在接收机内，且不需要再次对码，除非接收机再次与其他发射机配套使用。

对码方法如下。

（1）将发射机和接收机放在一起，两者距离在 1m 以内。

（2）打开发射机电源开关，R9DS 接收机将寻找与之最近的遥控器进行对码。

（3）按下接收机侧面的（ID SET）开关 1s 以上，LED 灯闪烁，指示开始对码。

（4）确认舵机可以根据发射机来操作。

9. SBUS 和 PWM 切换

短按接收机侧面的对码键（ID SET）开关两次（1s 内），完成 CH9 普通 PWM 或 SBUS 信号切换。

PWM 信号模式：接收机指示灯为红色，R9DS 输出 9 个通道的普通 PWM 信号。

SBUS 信号模式：接收机指示灯为蓝色，R9DS 的第 9 通道输出 SBUS 信号，原来的 1-4 通道输出 7-10 通道的独立 PWM 信号，7-8 通道无信号（图 6.39）。

SBUS 信号工作模式：SBUS 信号和 PWM 信号同时输出，输出 10 个通道的信号，如图 6.40 所示。

图 6.39　PWM 信号工作模式（9 通道）

四、按键操作说明

（1）MODE 键：在开机界面，长按下 MODE 键 1s 以上进入基础功能菜单。短按 MODE

图 6.40   SUBS 信号工作模式

(SBUS 信号和 PWM 信号同时输出,输出 10 个通道的信号)

键可以在基础菜单和高级功能菜单之间切换。

(2) END 键:按下 END 键可返回上级菜单。关闭功能选项回到主菜单,关闭菜单界面回到初始界面。

(3) 转动拨盘:菜单选择和数据输入。顺时针或逆时针旋转滚轮可移动光标在某一个功能中进行选项选择(例如,选择控制双/三重比率的控制开关)。

(4) PUSH 键:确认功能。按下 PUSH 键可选择进入需要编辑的功能。按下 PUSH 键 1s 以上确认主要选项,如选择不同模型的数据,将一个模型的数据复制到另一个,重新设置微调杆,改变模型飞机的类型并重新设定。系统会询问是否确定,再次按下 PUSH 键确认。

五、遥控器设置

(1) PWM 模式连接飞控与接收机,具体连线方式如图 6.41 所示(五排线的 1-5 按照顺序接入飞控"INPUTS"端的 1-5 引脚)。

(2) USB 线连接飞控与计算机,为接收机供电,完成接收机与遥控器的对码(PWM 模式为红色灯光),如图 6.42 所示。

(一)语言选择

长按 MODE 键进入菜单选项,点按 PUSH 键进入 PARAMETER,通过滚轮选择"简体"按 End 键返回(图 6.43)。

(二)机型选择

进入"机型选择"菜单,机型调至为"多旋翼模型",长按 PUSH 键执行复位,机型选择成功,油门微调选择"打开"(图 6.44)。

图 6.41　飞控与接收机连接　　　　　图 6.42　接收机对码

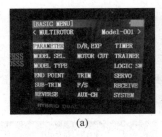

图 6.43　语言选择

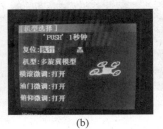

图 6.44　机型选择

（三）舵机相位

单按 PUSH 键进入"舵机相位"，油门通道调至"反向"，确定后 End 键返回（图 6.45）。

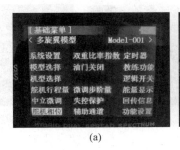
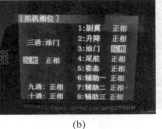

图 6.45　舵机相位

（四）失控保护

油门杆拉至最低，点按 PUSH 键进入"失控保护"，箭头调制"油门通道"，在"F/S"模式下，向下拨动油门微调,注意倾听提示音,当出现最低值(声响连续)提示音时按 PUSH 键,百分比变为 3%,返回主界面后上推油门微调至"0"(图 6.46)。

 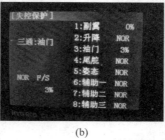 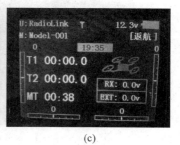

(a)　　　　　　　　　　(b)　　　　　　　　　　(c)

图 6.46　失控保护设置

(五)飞行模式设置

(1)进入"辅助通道"界面,点按 PUSH 键选择"五通",三段开关设置为 SwE,二段开关设置为 SwD(三段开关和二段开关根据个人使用习惯设置,这里以 SwE 和 SwD 为例),如图 6.47 所示。

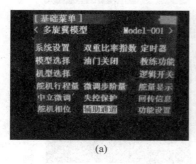 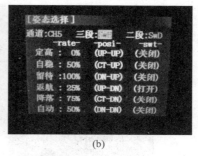

(a)　　　　　　　　　　　　　　(b)

图 6.47　辅助通道设置

(2)通过转轮,将飞行模式依次调节为如图 6.48 所示顺序模式。

(3)将 D 开关拨到最上,E 开关拨到最下,可以看到"定高模式"打开状态,转动转盘,将定高对应的百分比调到"9%"(图 6.49)。

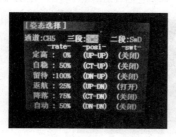 

(a)　　　　　　　　　　(b)

图 6.48　姿态选择　　　　　　图 6.49　定高设置

(4)D 开关保持最上不变,E 开关拨到中间,可以看到"自稳模式"打开状态,转动转盘,将自稳对应的百分比调到"26%"(图 6.50)。

(5)D 开关保持最上不变,E 开关拨到最上,可以看到"留待模式"打开状态,转动转盘,将留待对应的百分比调到"41%"(图 6.51)。

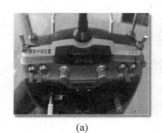
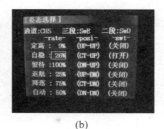

(a)　　　　　　　　　　(b)

图 6.50　自稳设置

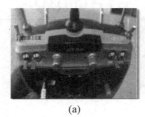
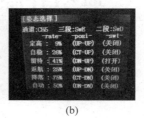

(a)　　　　　　　　　　(b)

图 6.51　留待设置

（6）将 D 开关拨到最下，E 开关拨到最下，可以看到"返航模式"打开状态，转动转盘，将返航对应的百分比调到"56%"（图 6.52）。

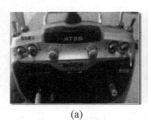
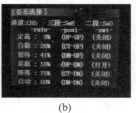

(a)　　　　　　　　　　(b)

图 6.52　返航设置

（7）以同样的方式，将"降落"和"自动"模式的比例分别调整至"71%""90%"（图 6.53）。

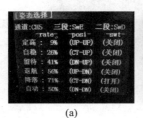
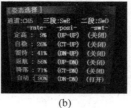

(a)　　　　　　　　　　(b)

图 6.53　降落和自动设置

第 七 章

典型开源飞控调试

第一节　APM 飞控

ArduPilotMega 自动驾驶仪(简称 APM 自驾仪)是一款非常优秀而且完全开源的自动驾驶控制器(图 7.1),可应用于固定翼、直升机、多旋翼、地面车辆等,同时还可以搭配多款功能强大的地面控制站使用。地面站中可以在线升级固件、调参,使用一套全双工的无线数据传输系统在地面站与自驾仪之间建立起一条数据链,即可组成一套无人机自动控制系统,非常适合个人组建自己的无人机驾驶系统。

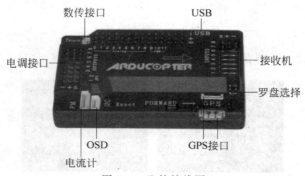

图 7.1　飞控接线图

APM 飞控是一款强大的开源飞控,调试并没有想象中的那样简单,甚至非常精通 APM 飞控的人员在调试时也会碰到各种各样的问题。开源飞控的调试在某种程度上能够很好地锻炼调试人员的耐心,磨炼调试人员的意志,所以,在学习 APM 飞控的前期,建议分步骤完成 APM 的入门使用:

(1) 首先安装地面站控制软件及驱动,熟悉地面站界面的各个菜单功能。

(2) 仅连接 USB 线学会固件的下载。

(3) 连接接收机和 USB 线完成 APM 的遥控校准、加速度校准和罗盘校准。

（4）完成各类参数的设定。

（5）组装飞机，完成各类安全检查后试飞。

（6）PID 参数调整及 APM 各类高阶应用。

第二节　Misson Planner 地面站安装

无人机的地面站在概述的教材里已经详细介绍过，我们使用的 APMhawk 飞控也配备了地面站，飞行时，可以选择地面站飞行。地面站软件已存放配套的软件包内，解压即可使用，如遇版本升级，跟随升级指导完成升级。

（1）安装 Misson Planner 地面站软件及驱动。

Mission Planner 的安装运行需要微软的 Net Framework 4.0 组件，如果计算机有该组件，可跳过此步骤（图 7.2）。

图 7.2　插件

（2）安装完 Net Framework 4.0 组件后，单击安装 Mission Planner 地面站软件（图 7.3）。

图 7.3　地面站软件

（3）根据图 7.4 提示继续安装软件。

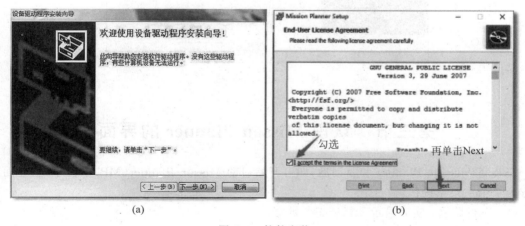

(a)　　　　　　　　　　　　　　　　(b)

图 7.4　软件安装

（4）选择存储路径后再单击 Next 按钮，继续单击 Install 按钮（图 7.5）。

（5）此时有可能会弹出对话框，选择信任后出现对话框，选择"下一步"，再单击"完成"。

（6）勾选后单击 Finish 按钮，进入地面站软件界面（图 7.6）。

安装地面站后，用 USB 接通飞控和计算机，下载"驱动精灵"或"驱动人生"，安装其他缺少的驱动插件。

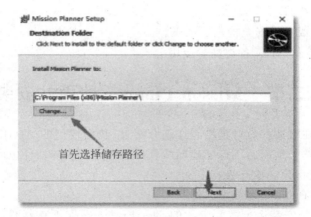

图 7.5　路径选择

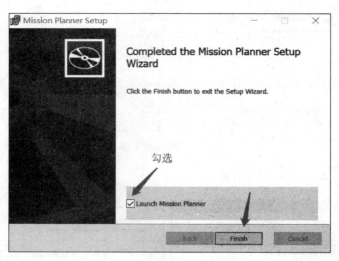

图 7.6　进入地面站

第三节　认识 Misson Planner 的界面

安装完 Mission Planner 和驱动后,即可开始启动 Misson Planner(MP)主程序,主界面左上方为 7 个主菜单按钮。

(1)飞行数据:实时显示飞行姿态与数据。

(2)飞行计划:任务规划菜单。

(3)初始设置:用于固件的安装与升级以及一些基本设置。

(4)配置调试:包含了详尽的 PID 调节、参数调整等菜单,如需选择中文版本,请在"配置/调试"选项下,选择 UI,选为 Chinese(Simplified),之后软件会重启。

(5)模拟:给 APM 刷入特定的模拟器固件后,将 APM 作为一个模拟器在计算机上模拟飞行使用。

(6)终端:一个类似 DOS 环境的命令行调试窗口,功能非常强大。

(7)"帮助"和"捐赠":帮助菜单里面可查看更新版本(图 7.7)。

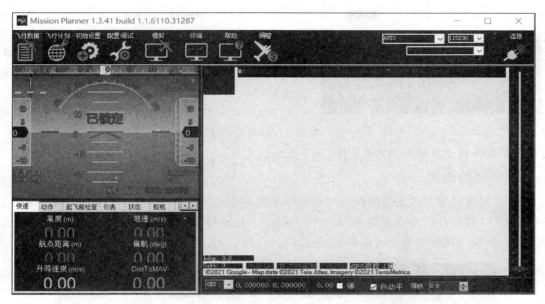

图 7.7　地面站界面

第四节　飞 控 调 试

一、接入计算机

（1）将飞控和接收机固定在一个表面平整的正方体或长方体一面，GPS 可不固定（图 7.8）。

（2）用 USB 连接计算机和飞控，注：一定是箭头方向指向计算机方向，在后边的步骤中，也要确保飞控箭头方向指向计算机方向；打开 MP，无须单击"链接"（图 7.9）。

图 7.8　飞控系统调试准备

图 7.9　飞控系统连接

二、固件刷新

（一）端口选择

调试前首先要做的就是给飞控刷入需要的固件，确保计算机已经识别到 APM 的 COM 口号后，打开 MP，在 MP 主界面的右上方端口选择下拉框中选择对应的 COM 口，一般正确识别的 COM 口都有 2560 的标识,直接选择带这个标识的 COM 口,波特率选择 115200(图 7.10)。

图 7.10　端口选择

注:请不要单击 connect 连接按钮,固件安装过程中程序会自行连接。如果之前已经连接了 APM,单击 Disconnect 断开连接,否则固件安装过程中会弹出错误提示。

另外,不要用无线数传安装固件,虽然无线数传跟 USB 有着同样的通信功能,但它缺少 reset 信号,无法在刷固件的过程中给 APM 复位,会导致安装失败。

(二)初始设置

单击"初始设置"→"安装固件"→"选择四旋翼标识的固件列表"。MP 就会自动从网络上下载新固件,然后自动完成连接 APM→写入程序→校验程序→断开连接等一系列动作,完全无须人工干预。固件刷写完成后单击"链接"按钮(图 7.11)。

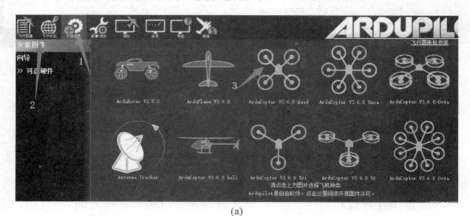

(a)

(b)

图 7.11　刷新固件

(三)机架选择

飞控与地面站连接后,开始进行各硬件校准,首先是机架选择,机架选择仅选择 X 形结构即可,此步也可不选。

（四）加速度计校准

依次单击"必要固件"→"加速度计校准"，根据提示完成加速度计校准。

（1）Place vehicle level and press any key（请把自驾仪水平放置然后按任意键继续）完成后按 Enter 键保存（这一步飞控箭头方向要指向计算机屏幕方向），如图 7.12 所示。

（2）Place vehicle on its LEFT side and press any key（请把自驾仪左边向上垂直立起然后按任意键继续）完成后按 Enter 键保存（见图 7.13）。

图 7.12　水平放置

图 7.13　左边向上

（3）Place vehicle on its RIGHT side and press any key（请把自驾仪右边向上垂直立起然后按任意键继续置）完成后按 Enter 键保存（图 7.14）。

（4）Place vehicle nose DOWN and press any key（请把自驾仪机头向下垂直立起然后按任意键继续）完成后按 Enter 键保存（图 7.15）。

图 7.14　右边向上

图 7.15　机头向下

（5）Place vehicle nose UP and press any key（请把自驾仪机头向上垂直立起然后按任意键继续）完成后按 Enter 键保存（图 7.16）。

（6）Place vehicle on its BACK and press any key（请把自驾仪正面向下水平放置然后按任意键继续）完成后按 Enter 键保存（图 7.17）。

当跳出 Calibration successful 后，表明校准成功，可以进行下一步的罗盘校准了。

（五）罗盘校准

（1）罗盘校准的页面也跟上面的加速度校准一样在同一个菜单下，单击初始设置下的必要硬件菜单,选择"指南针"菜单,按图 7.18 所示勾选对应的设置,然后单击现场校准。

图 7.16 机头向上

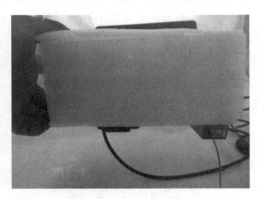

图 7.17 正面向下

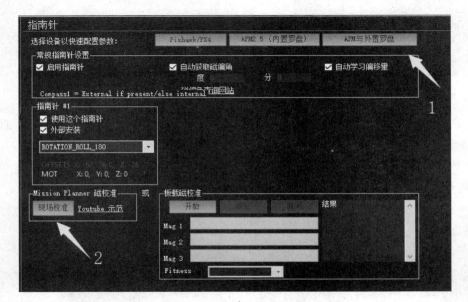

图 7.18 指南针校准准备

图 7.19 外置罗盘

(2) 单击以后会弹出一个校准框,转动飞控,每个轴至少转一次,即俯仰 360°一次,横滚 360°一次,水平原地自转 360°一次,每个面自转 360°一次,尽量画成一个球形,所有白点都接触到(图 7.19)(简单的方式就是直接甩动 GPS)。

在转的过程中,系统会不断记录罗盘传感器采集的数据,Samples 数据量不断累加,如果 Samples 数据没有变化,请检查罗盘是否已经正确连接,60s 以后会弹出一个数据确认菜单,单击 OK 保存完成罗盘的校准。如果每个白点都被扫描到系统仍没有弹出下面的对话框,那么可以直接单击图 7.20 中的 Done。

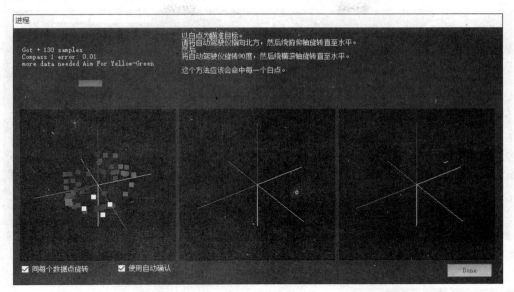

图 7.20　罗盘校准

单击 OK 保存完成罗盘的校准，数值小于 400 为绿色代表数值正常可用，当大于 400 黄色代表警告，当超过 600 为红色完全不可用。

如果 GPS 带有罗盘，在连接罗盘线后，在校准框中会有两个转动球形，安装方向需要跟机架一致，假如接了外置罗盘而没有校准，解锁会失败。

如果还想自定义外置罗盘的机头指向，可以选择 Rotation_Yaw_45（机头偏转 45°），Rotation_Pitch_180（俯仰翻转 180°安装，机头机尾调换），其他选择请自行类推。

在 1.3.30 版本后的 MP 地面站，V3.2.1 后的飞控固件后，校准完成后在 MP 首页会出现错误提示，此提示是由于校准过程中，大动作转动和地磁偏置重新校准影响的，再次上电就可正常，不影响使用（图 7.21）。

图 7.21　地面站提示

（六）遥控器校准

（1）单击遥控器校准→校准遥控。

（2）单击校准遥控后会依次弹出两个提醒，分别是确认遥控发射端已经打开和接收机已经通电连接，确认电机没有通电。然后单击 OK 开始拨动遥控开关，使每个通道的红色提示条移动到上下限的位置。

当每个通道的红色指示条移动到上下限位置时，拨动摇杆时应注意观察每个通道是否对应（油门、方向、副翼会完全和摇杆方向完全一致，只有升降舵会相反），如果不对应，请到遥控器里设置（长按遥控 MODE 键进入基础菜单，选择"舵机相位"，在对应通道里选择"反相"），如图 7.22 所示。

发射机应能引起 MP 界面对应通道（绿柱）下列控制变化。

• 通道 1：低=roll 向左，高=roll 向右。

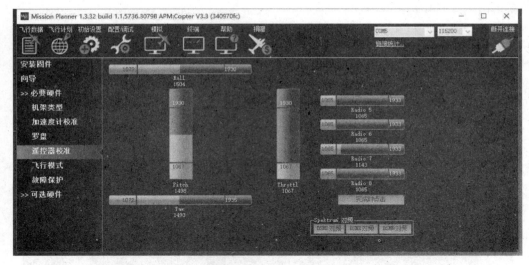

图 7.22　遥控器校准

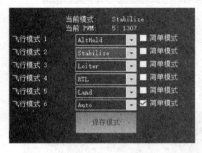

图 7.23　飞行模式

- 通道 2：低＝pitch 向前，高＝pitch 向后。
- 通道 3：低＝油门减（关），高＝油门加。
- 通道 4：低＝yaw 向左，高＝yaw 向右。

（七）飞行模式及失控保护设置

（1）飞行模式按图 7.23 所示在下拉菜单里选择完成，最后一列勾选"简单模式"。

（2）单击"故障保护"→"确定"，"低电量"选择 10.5，下拉菜单内选择 Land。

（3）故障保护 PWM 数值获取方式为，把油门拉到最低，观察 Radio 3 数值，再关闭遥控器记录 Radio 3 数值，取这两个数值区间的任意值即可（图 7.24）。

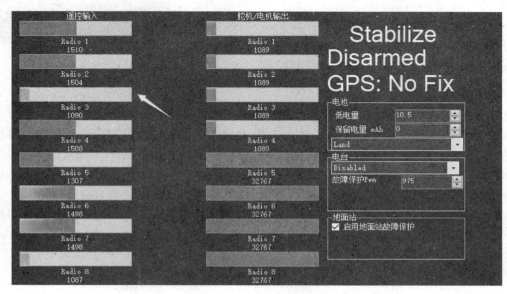

图 7.24　失控保护设置

（八）几种飞行模式

飞行模式有很多种,不同的模式有不同的应用。

1. 稳定模式 Stabilize

稳定模式是使用得最多的飞行模式,也是最基本的飞行模式,起飞和降落都应该使用此模式。此模式下,飞控会让飞行器保持稳定,是初学者进行一般飞行的首选,也是 FPV 第一视角飞行的最佳模式。一定要确保遥控器上的开关能方便无误地拨到该模式,应急时会非常重要。

2. 比率控制模式 Acro

Acro 是非稳定模式,这时 APM 飞控将完全依托遥控器控制,新手慎用。

3. 定高模式 Alt Hold

定高模式(Alt Hold)是使用自动油门,试图保持目前的高度的稳定模式。定高模式时高度仍然可以通过提高或降低油门控制,但中间会有一个油门死区,油门动作幅度超过这个死区时,飞行器才会响应你的升降动作。

当进入任何带有自动高度控制的模式,目前的油门将被用来作为调整油门保持高度的基准。在进入高度保持前确保悬停在一个稳定的高度。飞行器将随着时间补偿不良的数值。只要飞行器不会下跌过快,就不会有什么问题。离开高度保持模式时请务必小心,油门位置将成为新的油门,如果不是在飞行器的中性悬停位置,将会导致飞行器迅速下降或上升。在这种模式下不能降落及关闭马达,因为现在是油门摇杆控制高度,而非马达。请切换到稳定模式,才可以降落和关闭马达。

4. 悬停模式 Loiter

悬停模式是 GPS 定点＋气压定高模式。应该在起飞前先让 GPS 定点,避免在空中突然定位发生问题。其他方面跟定高模式基本相同,只是在水平方向上由 GPS 进行定位。

5. 简单模式 Simple Mode

简单模式相当于一个无头模式,每个飞行模式的旁边都有一个 Simple Mode 复选框可以勾选。勾选简单模式后,飞机将解锁起飞前的机头指向恒定作为遥控器前行摇杆的指向,这种模式下无须担心飞行器的姿态,对新手非常有用。

6. 自动模式 Auto

自动模式下,飞行器将按照预先设置的任务规划控制它的飞行。由于任务规划依赖 GPS 的定位信息,所以在解锁起飞前,必须确保 GPS 已经完成定位(APM 板上蓝色 LED 常亮)。切换到自动模式有以下两种情况。

如果使用自动模式从地面起飞,飞行器有一个安全机制防止你误拨到自动模式时误启动发生危险,所以需要先手动解锁并手动推油门起飞。起飞后飞行器会参考你最近一次 Alt Hold 定高的油门值作为油门基准,当爬升到任务规划的第一个目标高度后,开始执行任务规划飞向目标;如果是空中切换到自动模式,飞行器首先会爬升到第一目标的高度然后开始执行任务。

7. 返航模式 RTL

返航模式需要 GPS 定位。GPS 在每次解锁前的定位点,就是当前的“家”的位置;GPS 如果在起飞前没有定位,在空中首次定位的那个点就会成为“家”。

进入返航模式后,飞行器会升高到 15m,如果已经高于 15m,则保持当前高度,然后飞回“家”。还可以设置高级参数选择到“家”后是否自主降落,以及悬停多少秒之后自动降落。

8. 环绕模式 Circle

当切入环绕模式时,飞行器会以当前位置为圆心绕圈飞行。而且此时机头会不受遥控器方向舵的控制,始终指向圆心。如果遥控器给出横滚和俯仰方向上的指令,将会移动圆心。与定高模式相同,可以通过油门来调整飞行器高度,但是不能降落。圆的半径可以通过高级参数设置调整。

9. 指导模式 Guided

此模式需要地面站软件和飞行器之间通信。连接后,在任务规划器 Mission Planner 软件地图界面上任意位置右击,选弹出菜单中的 Fly to here(飞到这里),软件会让你输入一个高度,然后飞行器会飞到指定位置和高度并保持悬停。

10. 跟随模式 Follow Me

跟随模式基本原理是:操作者手中的笔记本电脑带有 GPS,此 GPS 会将位置信息通过地面站和数传电台随时发给飞行器,飞行器实际执行的是"飞到这里"的指令。其结果就是飞行器跟随操作者移动。

(九) 电流计设置

选择"可选硬件"→"电池检测器",按图 7.25 所示选择下拉查单设置电流计参数。

图 7.25   电流计设置

(十) 电调校准

做完以上步骤,可断开 USB 连接,拔掉数据线,开始进行电调校准。电调校准时飞控只需预安装无须固定,开始准备电调校准。

(1)校正电调油门航程后才能让飞控知道遥控器的油门通道发出的最小与最大值,以获得最佳的油门线性。不对油门航程校正,会出现以下情况。

① 在第一次使用时,电池通电后电调不停发出"哔哔哔"的声响,推高遥控器油门杆但电机没反应。

② 推高遥控器油门杆时,明显看到几个电机转速不一致;或者有些电机开始转了,有些电机还没反应;或者油门杆已经最低了,有些电机已经停了,有些电机还在转。如果这时起飞,飞行器肯定会颠覆。

(2)以下情况需要重新校正电调油门航程。

① 第一次使用 APM,或者初始化 APM 参数。

② 更换电调或者更换遥控器。

（3）校准步骤如下。

① 电机电调连线。对应电机与对应电调连线，每个电调的 3 个输入线前期无顺序要求（图 7.26）。

② 飞控与电调信号线连接。电调信号线接入飞控 OUTPUTS 口，配套教具为四旋翼，有 4 个电调，需要把电调的信号线接到飞控的 1-4 接口上。

4 个电调有严格的接线顺序。请仔细查看图 7.27(a)的电机序号，对照教具电机序号[图 7.27(b)]，1 表示这个电调接 APM 的 OUTPUT 1 通道的接口，2 表示这个电调接 APM 的 OUTPUT 2 通道的接口，以此类推。

电流计传输线接入飞控"PM"插口[图 7.27(b)]。

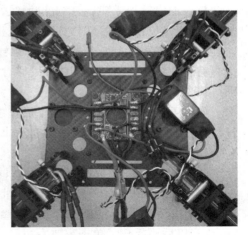

图 7.26　电调校准

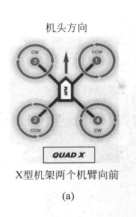

(a)

(b)

图 7.27　飞控安装示例

注：(a)中 1、2、3、4 既是电机的序号，也是接到飞控 OUTPUT 接口的通道号；CW 表示螺旋桨是反桨，电机顺时针旋转；CCW 表示螺旋桨是正桨，电机逆时针旋转。

③ 校正电调油门航程过程与电调品牌有关，但基本一致。

飞行器不要插上 USB 线，不要接电池，不要安装螺旋桨（这个很重要，否则校正时轻者翻机打坏螺旋桨，重则伤人）。打开遥控器开关，把油门杆推到最高。飞行器接上电池后，APM 上的红灯、蓝灯、黄灯会以循环模式亮起，说明 APM 已准备好进入电调校准模式。油门杆还是保持最高位置不要动。

在做完步骤③时，不要犹豫，立即把电池电源线拔了，等待时间太长也可能会影响下个步骤。油门杆还是保持最高位置不要动。再接上电源线（红灯和蓝灯交替闪烁），电调发出音乐声"duo re mi"，再听到"哔"一声响后，果断地把遥控器油门杆拉到最低，等 1s 后会有一声"哔"响，之后就再无声音发出。这时可以轻轻推高油门杆，电机会转起来。最后一步，把电源线拔掉，让 APM 记住校正好的油门航程，校正油门航程就成功了。如果校正失败，按正常方式开机，把遥控器油门杆拉到最低，接上电源。开机完再拔掉电源，从步骤①开始重新校正。

校正油门航程成功后,接上电源线,飞控遥控器飞行模式调到"自稳"。左边遥杆打到最右下角,等待飞控指示灯爆闪之后表明电机解锁成功,推动油门,电机会转动。用手感触电机转向,左上角和右下角两个电机按顺时针转动,右上角和左下角两个电机按照逆时针转动。如果有电机转向相反,那么只需拔掉对应电机的三根电线中的任意两根互换位置重新接通即可。

如果不能正常解锁,请按如下操作进行。

(1) 飞行器与地面站软件连接(依旧按照之前的连接方式)。

(2) 选择"配置/调试"。

(3) 选择"全部参数树"再单击"好的"。

(4) 找到 ARMING_Check 参数,将它的值改为 0,默认是 1。

(5) 找到 MOT_SPIN_ARMED 参数,将它的值改为 0 即可关闭解锁怠速功能,默认是70,改完以后不要忘了单击窗口右边写入参数按钮进行保存。

所有设置结束之后拔掉电调和飞空的连接线,开始最后的装机步骤。

第五节　装　　机

(1) 布线。截取一块与分电板大小相等的单面 3M 胶贴于分电板之上(图 7.28(a)),电调固定在合适的地方并在电调插口处做电调序号标记,便于后期辨认(图 7.28(b))。

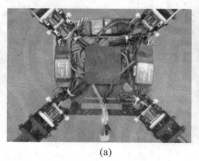
　　　(a)
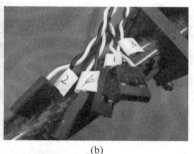
　　　(b)

图 7.28　电调安装

(2) 安装上中心板,并在右上角固定 GPS 支架,如图 7.29所示。

GPS 支架详细安装步骤,如图 7.30 所示。

(3) 飞控缓冲垫用方形 3M 胶固定在中心板正中心,飞控缓冲垫组装如图 7.31(b)所示。

(4) 无线数传模块是数传电台的模块化产品,是指借助DSP 技术和无线电技术实现的高性能专业数据传输电台。数传电台的使用从最早的按键电码、电报、模拟电台加无线MODEM,发展到目前的数字电台和 DSP、软件无线电;传输信号也从代码、低速数据(300~1200bps)到高速数据(N×64K~N×E1),可以传输遥控遥测数据、动态图像等业务(图 7.32)。

数传分为两部分,一部分为机载发射端,另一部分在地面

图 7.29　安装 GPS 支架

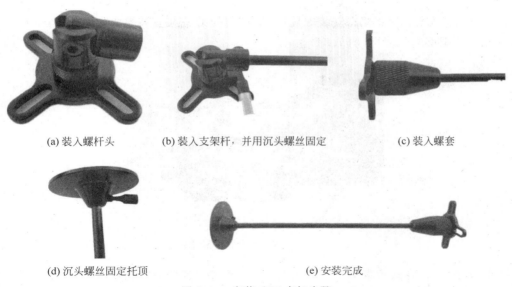

(a) 装入螺杆头　　　　(b) 装入支架杆，并用沉头螺丝固定　　　　(c) 装入螺套

(d) 沉头螺丝固定托顶　　　　　　　(e) 安装完成

图 7.30　安装 GPS 支架步骤

(a)　　　　　　　　　　　　　(b)

图 7.31　飞控平台安装

端与地面站连接使用，一般有 USB 接口的一段为地面端，也有部分数传电台发射和接收完全一样，不影响使用，只需地面接收端设备用数据线连接地面站。

（5）各模块接线：依次将飞控、接收机、数传电台、GPS 安装在中心板。电调传输线按照顺序接入飞控 OUTPUTS 口，数传接入飞控 Telem 接口，电流计接入 PM 接口（图 7.33）。

图 7.32　数传模块

图 7.33　连接电调

(6) 螺旋桨安装：使用桨夹安装螺旋桨，桨夹能使螺旋桨安装更加牢固、安全，一般在安装尺寸较大的螺旋桨时使用(图 7.34)。

图 7.34　固定螺旋桨

安装完毕后,可在教师带领下进行试飞。试飞要遵守安全操控规则,尽量选择在安全防护网内或空旷无人的场地进行。

第 八 章

基础创新载荷应用

无人机的应用在现在社会已经非常广泛了,无论是农业、林业、警用、消防、物流等众多行业都在使用。本章介绍几款简单的载荷模块,以此为启发,便于同学们在日后能够设计生产出更有创新应用的无人机。

第一节 航 拍

航拍又称空中摄影或航空摄影,是指从空中对地球地貌、城市景观、工程建设等进行摄影摄像活动(图 8.1)。航拍图能够清晰地表现地理形态,因此,除了作为艺术摄影,也被运用于军事、建通建设、水利工程、生态研究以及电视栏目等,其独特的魅力在于一种大气的描述,一种气吞山河的豪情。地面的城市风光、建筑物、机场跑道、整齐的农田等,无论是蓝天碧水还是红花绿树,通过航拍影视语言的表现,这一切都犹如一曲曲辉煌、立体的交响乐呈现在世人面前。

简单来说,无人机搭载上摄影摄像设备后,再配备相应的链路,就能够实现航拍功能。本节我们使用简单的拍摄设备,搭载在教具飞行器中,了解一下航拍的原理。

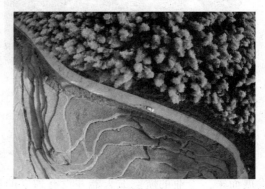

图 8.1 无人机航拍图片

一、云台安装

无人机云台是无人机用于安装、固定摄像机等任务载荷的支撑设备。云台控制系统主要是研究以单片机作为控制系统的主控芯片,结合各种传感器和执行机构而开发的云台专用的控制系统。云台控制系统的控制功能主要包括以下两个方面,一是实现云台的自稳功能,也就是稳像功能；二是控制云台在空间方位的转动。若控制对象有可控部分，如相机的拍照和光圈的调节等，控制系统还应该对其有相应的控制功能。

云台就是两个交流电机组成的安装平台，可水平和垂直的运动。但要注意区别于照相器材中的云台概念。照相器材的云台一般来说只是一个三脚架，只能通过手动调节方位；而监控系统所说的云台是通过控制系统在远程可控制其转动及移动的方向。云台转动速度是衡量云台档次高低的重要指标。云台水平和垂直方向是由两个不同的电机驱动的，因此云台的转动速度也分为水平转速和垂直转速。由于载重的原因，垂直电机在启动和运行保持时的扭矩大于水平方向的扭矩，再加上实际监控时对水平转速的要求要高于垂直转速，因此一般来说云台的垂直转速要低于水平转速。

图 8.2　云台固定

教具配套云台直接固定在原装的底板下面即可，注意分清前后（图 8.2）。

二、相机连接

准备一根杜邦线，一端接入接收机 6 通道，一端接入云台第一排内侧引脚，并在遥控器"辅助通道"内 6 通道设置为 VrC 或 VrD（图 8.3 和图 8.4）。

图 8.3　信号线连接

图 8.4　相机固定方式

三、图传设置

从"图传"的叫法可以发现，这并非一个专业的定义，大概是从某些资深无人机发烧友口中发展而来。专业的航空航天器并没有独立的视频图像传输设备。图传的概念只存在于消费类无人机领域。

无人机图传系统就是采用适当的视频压缩技术、信号处理技术、信道编码技术及调制/解调技术，将现场无人机所搭载的摄像机拍摄到的视频以无线方式实时传送到远距离后方的一种无线电子传输设备。无人机图传系统，尤其是高质量的图传系统在行业无人机的应用中扮演着极为重要的角色，是不可或缺的。尤其在无人机行业应用时，在绝大多数任务场合都需要在远离现场的情况下，实时、可靠地观察或获取现场图像及视频，而此时无人机图传系统就会显现出它的重要作用。如果飞控被称为无人机的"大脑",那么图传系统就可以比作无人机的"眼睛"。无线图传,是无人机最重要的其中一项技术,它的好坏决定了飞行距离、图像实时传输质量以及传输延时等。

在比较无人机图传技术前,我们先用形象的方式介绍几个名词。

- 信道:通信系统中传输的通道,好比是高架桥。
- 信源:产生各类信息的实体,好比是载满水泥的大卡车。
- 编码:好比是快递打包,为了传输过程中无损坏。
- 扩频:一种信息处理改善传输性能的技术,好比是八路,隐蔽性高、抗干扰能力强。
- 调制:好比是新的交通工具,减少传递步骤。

具体来说,图传就是要把一个东西准确、快速地从一个地方传递到另一个地方,要抗干扰,还要抓重点。所以信源和信道就要改善,信道技术就是抓重点的基础,比如,目前常见的 H.264/265 等压缩技术,简单地说就是把图片的重点压缩,抓住重点传输。信道编码就是为了减少码元数率,减少带宽占用,因为传输跟带宽有关,抓住重点可以避免浪费功率(图 8.5)。

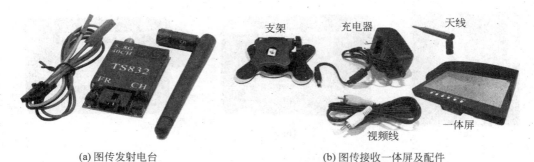

(a) 图传发射电台　　　　　　　　　　　(b) 图传接收一体屏及配件

图 8.5　图传硬件

使用时图传发射电台固定在无人机之上与相机、OSD、飞控连接,通过载荷电源线提供电源即可,连接方式如图 8.6 所示。

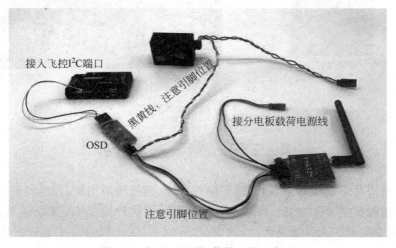

图 8.6　相机及飞控、数传连接示意图

　　OSD 是 On Screen Display 的缩写,是应用在 CRT/LCD 显示器上,在显示器的荧幕中产生一些特殊的字形或图形,让使用者得到一些信息。常见于家用电视机或个人 PC 计算机的显示荧幕上,当使用者操作电视机换台或调整音量、画质等,电视荧幕就会显示目前状态让使用者知道,此控制 IC 可在荧幕上的任何位置显示一些特殊字形与图形,成为人机界面上重要的信息产生装置。

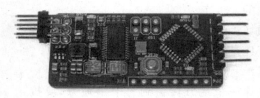

图 8.7　OSD 模块

　　我们使用的 OSD 可以在接收屏画面显示无人机的飞行状态,如显示无人机目前所处的位置、高度、姿态、航向角、电压等(图 8.7)。

　　接收画面调试:接收屏组装之后背后有三个拨挡开关,全部打到阿拉伯数字一端,相机开机后,连按三次相机开关键,通过相机侧边上下键找到 TV OUT,单击相机上方 OK 键进入,选择 ON,之后相机会黑屏。回到接收屏通过自动搜台搜寻图传画面,如果连续搜不到,可调节图传电台的频率键来反复调试,直至画面出现。画面出现后可在安全环境下起飞无人机(图 8.8)。

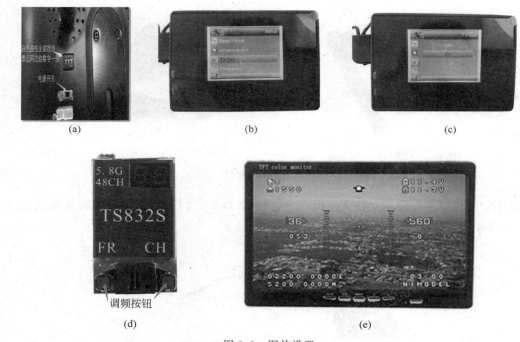

图 8.8　图传设置

第二节　抛　投　器

　　现在有大批户外运动爱好者,因迷路被困在山崖、因涨潮被困礁石,这样的事故时有发生,事故发生后虽然救援人员能在第一时间赶到,但有时周边环境复杂,营救需要制订周密的方案。同时,可能会有被困人员急需药品、食物、水等物品,无人机具备了遥控投放功能,就可将急救包、攀登绳、食物、饮水、衣物甚至救生圈等物资投放给遇险人员(图 8.9)。

(a)

(b)

图 8.9　抛投器日常应用

一、抛投器组成

（一）舵机

舵机由外壳、电路板、驱动马达、减速器、传动部件和位置检测元件构成，是一种位置（角度）伺服的驱动器，适用于那些需要角度不断变化并可以保持的控制系统，比如机器人的手臂

图 8.10　伺服舵机

和腿、汽车模型和航空模型的方向控制（图 8.10）。其工作原理是由接收机发出讯号给舵机，经由电路板上的驱动马达开始转动，通过减速齿轮将动力传至摆臂，同时由位置检测器送回讯号，判断是否已经到达定位。位置检测器其实就是可变电阻，当舵机转动时电阻值也会随之改变，借由检测电阻值便可知转动的角度。

舵机上面的线有不同的颜色，是用来区分功能的，中间红色的线是电源正极，深色的线是电源负极，剩下的浅色线是信号控制线。这组控制线可接入接收机任一通道，实现遥控控制抛投器。

（二）U 形锁

U 形锁的传动连杆连接舵机，舵机机轮的转动带动传动连杆，这样悬挂在抛投器上的物资就可以自动脱落（图 8.11）。

二、抛投器控制

抛投器控制非常简单，舵机信号线连接到接收机一个通道，利用之前所学的知识，进入遥控器设置，设置对应通道的控制开关。比如，将抛投器的控制按钮设置在 7 通道[图 8.12（a）]，抛投器的信号线连接到遥控器的 7 通道[图 8.12（b）]，然后将抛投器合理地固定在无人机上即可。

图 8.11　U 形锁

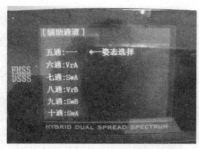

(a) 遥控通道选择   (b) 接收机通道连接

图 8.12 设置通道控制开关

第三节 无人机抓取器

无人机产业用途愈来愈广,功能规格也不断升级改良。日本一家无人机制造商之前发布搭载机器双臂的大型无人机,可协助人类执行较艰巨的任务。该无人机以机器双臂搭配夹爪抓取物品,其动作与掠取猎物的老鹰有几分相似(图 8.13)。

图 8.13 机器臂无人机

图 8.14 机械爪

这款无人机搭载两支高机能五轴机器手臂,在搭配夹爪下,不仅能抓取并搬运各种形状的物品,还能在高达 5000m 高空、距离较远或较危险的环境中执行任务,如切断电缆、收取危险物品、投掷救生圈等。无人机结合机器手臂后,未来应用也会更为广泛,重要的是协助人类执行危险度较高的任务时,能够降低人员伤亡。

目前,我们设计水平有限,但是利用教具包的机械爪还是能制造出带有机械爪的飞行器,通过本节内容的启迪,在后期学习和工作中,充分发挥才能,设计制作出更加优秀的无人机。

教具配套的机械爪原理和抛投器一样,都是加装一个伺服舵机,连接接收机,遥控器设置对应控制开关即可(图 8.14)。

同学们可根据机械爪和教具无人机的特性,设计一种比较合理的加装方案,也可以尝试使用其他模块,拓展机械爪结构,让其更完美地与无人机结合。

第四节　无人机空中喊话器

喊话器即以飞行器为搭载平台可以无线空中扩音的装置。空中喊话器具有一定的应用前景,在森林防火、火灾救援、灾区搜救、交通治安、林场看护等场合可以起到很大的作用(图 8.15)。

当发生火灾,混乱的场面和嘈杂的声音,使得地面的指挥意图很难传达给高层被困人员时,无人机搭载空中喊话器可以更好地让高层被困人员听到地面指挥声音。

消防无人机喊话器作为消防无人机的载荷已经成了必备品,越来越多的配件厂家或无人机厂家投入研发喊话器,使得喊话器往越来越专业,越来越向集成化方向发展。

喊话器由地面手持端和机载喊话喇叭构成,两者之间是无线通信,主要用于现场指挥。目前,喊话器呈现出各种各样的技术状态,有的集成一体化,接收模块内置于喇叭中;有的在喇叭上外挂语音通信模块;有的把对讲机固定在喇叭上拼起来;有的集成其他的功能,比如警音、警灯、探照灯或者相机等。

图 8.15　喊话器

语音通信模块有的使用模拟语音技术,音质和抗干扰能力稍差但是成本低;有的使用数字语音技术,音质清晰,抗干扰能力强但是成本稍高。使用的喇叭也多种多样,大小重量不一。有重量几百克,有重量 1kg、2kg;选用多大的重量要根据无人机的续航能力;选择小口喇叭还是大口喇叭,主要是考虑飞行阻力对无人机飞行姿态的影响(图 8.16)。

安装喊话器更加简单,只需要固定喇叭即可,如选用的喊话器不是内置电源的则需解决供电问题。

(a)　　　　　　　　　　　　　　　(b)

图 8.16　无人机搭载喊话器实际应用场景

第　九　章

日常检测及定损

第一节　常规无人机检测定损节点

一、检测目的

在无人机日常使用中,难免出现炸机的情况,这时需要飞手自己有一定的检测定损能力,以应对绝大多数问题。

即使无人机没有炸机,在一定使用频率下或放置一段时候后,同样需要对无人机进行常规的检修维护,无人机的任何一个小问题都有可能导致在飞行过程中出现事故或损坏。因此,在日常飞行前应该做充足的检查,防止不必要的意外发生。

二、不带电下外观检测项目

在检测中,需要建立一份标准的检测表便于工作,表内涵盖需要检测的所有部件及必须检测系统的选项。表 9.1 为示例的一份外观常规检测表。

表 9.1　不带电下功能检测表

部　件	检查项目	备　注
螺旋桨	数量	
	有无破损	
	转向是否安装正确	
电机	有无磕碰	
	是否紧固	
	手动旋转是否顺畅,有无卡顿	
	电机线圈内部是否干净	
	有无异味	
电调	有无磕碰	
	元件是否完整	
	有无异味	

续表

部　件	检查项目	备　注
螺丝	数量	
	有无滑丝	
	是否紧固	
电机座	有无破损	
	安装角度	
机臂	有无破损	
上下机壳	有无破损	
脚架	有无破损	
主控	元件是否完整	
	有无异味	
	线路是否连接	
	主控摆放方向是否正确	
GPS等飞控外接模块	元件是否完整	
	有无异味	
	线路是否连接	
	GPS、罗盘等摆放方向是否与主控一致	
焊接点	是否饱满,无虚焊	
遥控器功能	摇杆是否正常回弹	
	按键、拨轮是否正常	
电池	接口有无碳化	
	有无鼓包、破裂、漏液	

三、带电下功能检测

除外观检测外,带电部件也需要详细地检测,可参考表9.2。

表9.2　带电下功能检测表

部　件	检查项目	备　注
LED	在每个模式下,闪烁是否正常	
电机检测	急速时转向	
	(无桨状态下)大油门是否正常	
电调检测	接线顺序	
	元件是否完整	
遥控器功能	通道映射	
	美国手还是日本手	
电池	电池电压是否正常	
	如果是智能电池,需检测充放次数	
固件	接通地面站检查固件版本	
地面站	如可查看姿态能状态的地面站,要在地面站上查看加速计、陀螺仪、气压计灯是否正常	

第二节　检　测　技　巧

一、万用电表通断挡的使用

在无人机内部繁多、复杂的线路中,经常会出现断路的问题,遇到这种情况时,需要飞手去逐一排查测试,可能出现的问题是节点间是否连通。这样操作会比较消耗时间、精力,这时可以利用万用表中的通断挡,判断线路是否连通。

(一)什么是通断挡

通断挡是几乎所有万用表都具备的一个测量模式,用来测量线路的导通与否(短路)。一般会配合蜂鸣器和 LED,蜂鸣器发出响声或 LED 亮,表示线路是导通的。如图 9.1 所示,方框内的标志就是万用表的通断挡。

图 9.1　万用电表在通断挡接通的状态

(二)通断挡原理

万用表拨到通断挡位时,被接通的内部电路是:黑表笔接内部电池的负极,电池的正极接阻值很小的电阻,电阻的另一端接红表笔。内部的鸣叫电路就从电阻上取得触发信号。如果两个表笔短路或之间的电阻较小,则表内的触发电阻上的电压就较高,从而触发鸣叫。如果两个表笔之间的电阻较大,那么串联的内部触发电阻的分压就很小,就不能触发鸣叫。

(三)通断挡标准

一般定义 80Ω 及以下为导通,否则为不导通。也就是说,将万用表的红黑两个表笔接在一个线路两侧,如果这条线路的阻值低于 80Ω,则万用表发出响声,并认为此条线路是导通的。

而通断挡主要是靠运算放大器控制蜂鸣器发声,如果被测回路阻值低于 70Ω,有的是60Ω,这个阻值取决于运算放大器的阈值,也就是说我们通过改变运算放大器的发声阈值来改变蜂鸣器发声阻值,比如可以让其在 50Ω 时发出声响。

(四)用万用电表测量线路通断的两种方法

1. 欧姆挡测量线路通断的方法

首先要做的是断开电源并且确保电路中没有电;准备一台数字式万用表,把黑色的表笔插在 COM孔,把红色的表笔插在 VΩ(电压电阻)孔内;插好表笔以后,打开万用表的电源,把万用表的测试挡旋转至 200Ω 那一挡,把黑色表笔和红色表笔短接一下,看看是否归零,如果不能归零也可以记下此时的数值,然后就可以测试了,用黑色表笔的笔尖和红色表笔的笔尖分别接触待测电路的两根电线;如果此时的数值是零或者是跟刚才的数值一致,那么线路是通路,如果此时的数值不是零也不是跟刚才数值一致而是显示无穷大,那么线路是断路。

2. 蜂鸣挡测量电器线路的通断

首先要做的也是要断开电源并且确保电路中没有电;准备一台数字式万用表,把黑色的表笔插在 COM 孔,把红色的表笔插在 VΩ(电压电阻)孔内;插好表笔以后,打开万用表的电源,把万用表的测试挡旋转至蜂鸣挡,把黑色表笔和红色表笔短接一下,看看是否灵敏,然后就可以测试了;用黑色表笔的笔尖和红色表笔的笔尖分别接触待测电路的两根电线,如果此时指示灯闪烁并发出蜂鸣声,那么就是通路;如果指示灯不闪也没有蜂鸣声发出,那么就是断路。

二、万用电表超细探针的使用

常规万用电表探针是通过接触到线头或是焊点才可以测量(图 9.2),但遇到多股导线并到一起或线路过长需要测试是否连通时,普通探针无法进行测试。这时就需要超细探针进行测试,超细探针可以利用极细的针尖穿过导线外皮,刺入导线内进行测试,测试完成后,可以保证硅胶线无破损,不影响正常使用。当然,使用尖锐的表笔探针时要格外小心,不要扎伤手。

使用完毕后,为防止出现扎伤及探针折断,需及时扣好保护壳(图 9.3)。

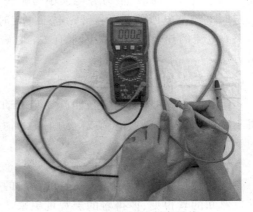

图 9.2　万用电表在测量电压　　　　图 9.3　超细探针刺穿导线

第三节　检测定损逻辑及方法

一般常用观察法、实验法、比较法、类比法、等效法、转换法、控制变量法、模型法、科学推理法等进行检测定损。

研究某些物理知识或物理规律,往往要同时用到几种研究方法。如在研究电阻的大小与哪些因素有关时,我们同时用到了观察法(观察电流表的示数)、转换法(把电阻的大小转换成电流的大小,通过研究电流的大小来得到电阻的大小)、归纳法(将分别得出的电阻与材料、长度、横截面积、温度有关的信息归纳在一起)和控制变量法(在研究电阻与长度有关时控制了材料、横截面积)等方法。可见,物理的科学方法无法细致地分类,只能根据题意看题中强调的是哪一过程,来分析解答。

在无人机日常使用或检测、定损时也可使用近似逻辑方法,下面我们将对一些重要的实验方法进行分析。

一、控制变量法

物理学研究中常用的一种研究方法是控制变量法。所谓控制变量法,就是在研究和解决问题的过程中,对影响事物变化规律的因素或条件加以人为控制,使其中的一些条件按照特定的要求发生变化或不发生变化,最终解决所研究的问题。

(一)物理实验实例

导体中的电流与导体两端的电压以及导体的电阻都有关系,中学物理实验难以同时研究电流与导体两端的电压和导体的电阻的关系,而是在分别控制导体的电阻与导体两端的电压不变的情况下,研究导体中的电流跟这段导体两端的电压和导体的电阻的关系,分别得出实验结论。

(1)为了研究导体的电阻大小与哪些因素有关,控制导体的长度和材料不变,研究导体电阻与横截面积的关系。

(2)为了研究滑动摩擦力的大小跟哪些因素有关,保证压力相同时,研究滑动摩擦力与接触面粗糙程度的关系。

研究蒸发的快慢与哪些因素有关;滑动摩擦力的大小与哪些因素有关;液体压强与哪些因素有关;浮力大小与哪些因素有关;压力的作用效果与哪些因素有关;滑轮组的机械效率与哪些因素有关;动能、重力势能大小与哪些因素有关;导体的电阻与哪些因素有关;研究电阻一定时电流与电压的关系;研究电压一定时电流和电阻的关系;电流做功的多少跟哪些因素有关;电流的热效应与哪些因素有关;电磁铁的磁性强弱跟哪些因素有关等均应用了这种科学方法。

(二)无人机检测、定损实例

当组装、维修完毕后的一台四旋翼测试动力时,发现某个电机不能正常工作。此时可以在电机不变的情况下,更换电调或电调不变的情况下更换电机,分别测试。

二、转换法

一些比较抽象的看不见、摸不着的物质的微观现象,要研究它们的运动等规律,使之转化为学生熟知的看得见、摸得着的宏观现象来认识它们,这种方法在科学上叫作转换法。

(一)物理实验实例

(1)空气看不见、摸不到,我们可以根据空气流动(风)所产生的作用来认识它;分子看不见、摸不到,不好研究,可以通过研究墨水的扩散现象去认识它。

(2)电流看不见、摸不到,判断电路中是否有电流时,我们可以根据电流产生的效应来认识它。

(3)磁场看不见、摸不到,我们可以根据它产生的作用来认识它。

有一些物理量不容易测得,我们可以根据定义式转换成直接测得的物理量,再由其定义式计算出其值,如电功率(我们无法直接测出电功率,只能通过 $P = UI$ 利用电流表、电压表测出 U、I 计算得出 P)、电阻、密度等。

中学物理课本中,测不规则小石块的体积我们转换成测排开水的体积;测曲线的长短时转换成细棉线的长度;在测量滑动摩擦力时转换成测拉力的大小;大气压强的测量无法直接测出大气压的值,转换成求被大气压压起的水银柱的压强;测硬币的直径时转换成测刻度尺的长度；测液体压强时我们将液体的压强转换成我们能看到的液柱高度差的变化；通过电流的效应来判断电流的存在（我们无法直接看到电流）；通过磁场的效应来证明磁场的存在（我们无法直接看到磁场）；研究物体内能与温度的关系（我们无法直接感知内能的变化，只能转换成测出温度的改变来说明内能的变化）；在研究电热与电流、电阻的因素时，我们将电热的多少转换成液柱上升的高度；在研究电功与什么因素有关时，将电功的多少转换成砝码上升的高度；密度、功率、电功率、电阻、压强（大气压强）等物理量都是利用转换法测得的；在研究动能与什么因素有关时，我们回答说小球在平面上滑动得越远则动能越大，就是将动能的大小转换成了小球运动的远近。以上列举的这些问题均应用了这种科学方法。

（二）无人机使用实例

已知某型无人机在动力系统与大疆精灵 4Pro 相近，机架重量与大疆精灵 4Pro 接近，同时又已知大疆精灵 4Pro 在常规环境下续航在 28min，所以推断上述某型无人机续航时间也在 28min 左右。

三、排除法

指将无关变量尽可能地排除在实验之外，以便消除它们对实验结果的干扰和影响的一种方法，又称淘汰法，是间接证明的一种。就是一个论题提出之后，先假设它可能存在多种情形，然后通过分析，将假定的各种可能都加以排除，也就是说把论题以外的其他各种可能都一一淘汰掉，只剩下一种可能，即我们要证明的论题就是正确的了。

当无人机中，稳压模块、OSD、摄像头及图传发射机图像链路系统线路连接正确，图像接收端及显示器却接收不到图像的情况下，需要找出具体哪个硬件存在问题。

因为此时整套图像链路系统较为复杂，所以建议使用排除法查找问题。首先确定图像接收、发射两套系统供电正常，再确定图像接收端及显示器良好后，开始排除图像发射端链路故障。

首先将整套发射端链路跳开 OSD 连接，如此时接收端出现图像，则是 OSD 出现故障；如仍然没有出现图像，则继续排除。接下来将整套发射端链路跳开摄像头，如此时接收端出现图像，则是摄像头出现故障；如仍然没有出现图像，则继续排除。

四、比较法（对比法）

当想寻找两件事物的相同和不同之处时，就需要用到比较法，可以进行比较的事物和物理量很多，对不同或有联系的两个对象进行比较，我们主要从中寻找它们的不同点和相同点，从而进一步揭示事物的本质属性。

（一）物理实验实例

（1）比较蒸发和沸腾的异同点。
（2）比较汽油机和柴油机的异同点。
（3）电动机和热机。
（4）电压表和电流表的使用。

利用比较法不仅加深了对它们的理解和区别，使同学们很快地记住它们，还能发现一些有趣的东西。

（二）无人机检测、定损实例

当组装、维修完毕后的一台四旋翼后，能够发现同样螺纹直径的螺丝，使用半圆头螺丝，会比使用同尺寸螺纹杯头螺丝更容易滑丝。

主要是因为，使用相同螺纹直径的螺丝，杯头螺丝所用螺丝刀要比半圆头螺丝所用螺丝刀尺寸大一号，因此尽量使用杯头螺丝，可以有效避免滑丝的风险。

五、归纳法

是通过样本信息来推断总体信息的技术。要做出正确的归纳，就要从总体中选出的样本，这个样本必须足够大而且具有代表性。

（一）物理实验实例

由铜能导电，银能导电，锌能导电则归纳出金属能导电。在实验中为了验证一个物理规律或定理，反复地通过实验来验证它的正确性然后归纳、分析整理得出正确的结论。

在阿基米德原理中，为了验证 $F_浮 = G_排$，我们分别利用石块和木块做了两次实验，归纳、整理均得出 $F_浮 = G_排$，于是我们验证了阿基米德原理的正确性，使用的正是这种方法。

在验证杠杆的平衡条件中，我们反复做了三次实验来验证 $F_1 \times L_1 = F_2 \times L_2$，也是利用这种方法。

一切发声体都在振动结论的得出（在实验中对多种结论进行分析整理并得出最后结论时），都要用到这一方法。

在验证导体的电阻与什么因素有关时，经过多次的实验我们得出了导体的电阻与长度、材料、横截面积、温度有关，也是将实验的结论整理到一起后归纳总结得出的。

在所有的科学实验和原理的得出中，我们几乎都用到了这种方法。

（二）无人机使用实例

在多旋翼无人机使用中，飞行同一款无人机时，展开两种飞行测试，分别装直驱桨和折叠桨。而后会发现，无人机使用直驱桨的续航时间要比折叠桨长一些。且此类问题，在同样情况的无人机飞行时，也是普遍存在的。因此，可以得出经验，同尺寸下，直驱桨比折叠桨效率要稍高一些。

六、观察法

物理是一门以观察、实验为基础的学科。人们的许多物理知识是通过观察和实验认真地总结和思索得来的。著名的马德堡半球实验，证明了大气压强的存在。在教学中，可以根据教材中的实验，如长度、时间、温度、质量、密度、力、电流、电压等物理量的测量实验中大部分均利用的是观察法。要求学生认真细致地观察，进行规范的实验操作，得到准确的实验结果，养成良好的实验习惯，培养实验技能。

无人机整套系统中，对于机架、电机、螺旋桨等部件，在初步检测、定损中，可以通过观察法观察是否有破损异常，进行检测和定损。

七、科学推理法

（一）物理实验实例

在进行牛顿第一定律的实验时，当我们把物体在越光滑的平面运动的就越远的知识结合起来我们就推理出，如果平面绝对光滑物体将永远做匀速直线运动。

在做真空不能传声的实验时，当我们发现空气越少，传出的声音就越小时，我们就推理出，真空是不能传声的。

（二）无人机使用实例

当某一型号多旋翼无人机，机架采用 3.0mm 厚玻纤板构成，已知其强度非常牢靠、耐用性超强。若将此机架换成同尺寸厚的碳纤维板,可以推断出该无人机强度及耐用性只会比之前使用玻纤板更强,完全可以放心使用。

八、等效替代法

所谓等效替代法是在保证效果相同的前提下,将陌生复杂的问题变换成熟悉简单的模型进行分析和研究的思维方法,它在物理学中有着广泛的应用。

(一)物理实验实例

(1)研究串联并联电路关系时引入总电阻(等效电阻)的概念,在串联电路中把几个电阻串联起来,相当于增加了导体的长度,所以总电阻比任何一个串联电阻都大,把总电阻称为串联电路的等效电阻。

(2)在并联电路中把几个电阻并联起来,相当于增加了导体的横截面积,所以总电阻比任何一个并联电阻都小,把总电阻称为并联电路的等效电阻。

(3)在电路分析中可以把不易分析的复杂电路简化成为较为简单的等效电路。

(4)在研究同一直线上的二力的关系时引入合力的概念也是运用了等效替代法。

在平面镜成像的实验中我们利用两个完全相同的蜡烛,验证物与像的大小相同,因为我们无法真正测出物与像的大小关系,所以我们利用了一个完全相同的另一根蜡烛来等效替代物体的大小。

(二)无人机使用实例

当无人机在外场飞行,常规情况使用 6s 10000mA 电池动力驱动,但此时没有 6s 10000mA 电池或者现有电池电量不足。如果有两块 3s 10000mA 电池,可以串联成 6s 10000mA 使用;同样,如果有两块 6s 5000mA 电池,也可以并联成一块 6s 10000mA 电池使用。

九、放大法

在有些实验中,实验的现象我们是能看到的,但是不容易观察。我们就将产生的效果进行放大再进行研究。

(一)物理实验实例

音叉的振动很不容易观察,所以我们利用小泡沫球将其现象放大。

观察压力对玻璃瓶的作用效果时我们将玻璃瓶密闭,装水,插上一个小玻璃管,将玻璃瓶的形变引起的液面变化放大成小玻璃管液面的变化。

(二)无人机使用实例

在实验风洞中空气动力学原理教学中,验证层流翼型气动性能的同时,也会验证一枚方木的气动性能。在测试时,烟雾吹过层流翼时会呈流线型,但是吹过方木时会出现明显湍流,此现象正是因为层流翼型圆润的前缘与方木垂直前缘有明显区别所导致的,其中就是运用了放大法的实验思维。

第四节 飞控数据分析教程

在无人机应用作业中,因为整套结构比较复杂,经常会出现各种故障,引起不稳定飞行,甚至导致坠机的情况。但绝大多数情况下,并不能第一时间找到故障原因,这样不仅令无人机操作手、运营人员非常头疼,而且严重影响应用作业效率及单位经济效益。

　　市面上大多数飞控,都支持通过飞控读取所记录的飞控数据。操纵手可以通过所读取的飞控数据,对之前的飞行记录中详细信息进行回看,从而找到故障原因。因市场上飞控品牌众多、更新迭代较快,所以为同学们挑选一款较为入门的案例进行学习。如果在之后的实际应用中,遇到需要分析其他品牌的飞控数据,其中读取、分析方式,同样可以参考以下方法。

一、飞控数据导出和 DataViewer 简介

　　DJI Assistant 2 软件包含 DataViewer 工具,可对 DJI 精灵系列和悟系列多轴飞行器以及 A3、N3 独立飞控的飞控数据进行数据分析。

(一) 如何提取数据

　　飞控数据是指飞机通电之后,DJI 的飞行控制器会开始把各类工作状态,如控制、导航信息,记录在内部存储介质之中,直到飞行器断电。每次开关机都会产生一个数据文件,编号从小到大排布。当一个 log 文件超过 450M 后会被切割,按飞行数据大约每分钟 10M 来估算,450M 已经够飞 45min 了。

　　DataViewer 主要用来查看、分析多轴飞行器飞控数据,实现多轴飞行器的性能分析、故障诊断,是诊断多轴飞行器故障原因的有效工具(图 9.4)。

图 9.4　飞行数据

　　通过 DataViewer 查看飞控数据步骤如下。

　　(1) 先打开 DJI Assistant 2。

　　(2) 连接多轴飞行器,直接连上机身上的 USB 口即可。

　　(3) 在页面左边导航栏选择"飞行记录"进入飞行记录的主页面。

　　对于 Phantom 3 和 Inspire 1 系列多轴飞行器,则需要借助 APP 进入飞控数据读取模式。选择"进入 SD 卡模式",将在计算机页面发现飞行器以 SD 卡的形式出现了(图 9.5)。

(二) DataViewer 界面介绍

　　在导航栏中单击进入"飞行记录"界面,单击"打开 Dataviewer"开启数据之旅。打开飞行记录文件(图 9.6)。DataViewer 软件界面及功能索引如图 9.7 和表 9.3 所示。

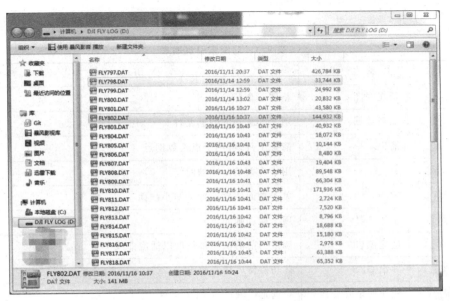

图 9.5 导入数据

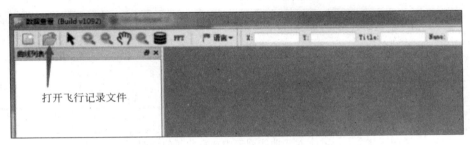

图 9.6 打开飞行记录文件

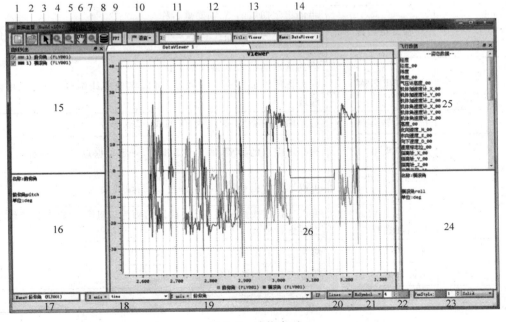

图 9.7 功能索引

表 9.3　功能索引说明表

编号	图标	名　　称	功　　能
1		新建视图	新建一个标签视图
2		加载数据	用于加载新的数据文件
3		箭头	箭头工具,可用于点选数据点
4		放大	用于放大某区域的曲线
5		缩小	单击画面任意位置可缩小画面
6		手型工具	用于拖动画面
7		适应窗口	调整当前的横纵轴尺度以适应曲线
8		导出 GPS	此功能待后续开放
9	FFT	快速傅里叶变换	对选定区域进行 FFT 运算
10	语言 ▾	语言	语言选择
11	—	X 轴名称	X 轴的说明文字
12	—	Y 轴名称	Y 轴的说明文字
13	—	图题名称	坐标图的标题文字
14	—	标签页名称	标签页的说明文字
15	—	曲线列表	当前显示曲线的列表
16	—	说明区域	对于曲线列表中选定曲线的说明
17	—	曲线名称	当前选定曲线的名称
18	—	X 轴变量名称	当前选定曲线的 X 轴变重名称 在名称后添加"＋－＊/数字"可以实现曲线时间轴的平移、拉伸和缩放
19	—	Y 轴变里名称	当前选定曲线的 Y 轴变里名称 在名称后添加"＋－＊/数字"可以实现曲线纵轴的平移、拉伸和缩放
20	—	曲线类型选择	选择曲线的类型,如曲线、阶梯线、孤点图等
21	—	数据点类型	选择数据点的类型,如 x 型数据点、＋型数据点、三角形数据点等
22	—	数据点大小选择与颜色选择	可以选择数据点的大小与颜色,支持滚轮输入
23	—	连接线类型、颜色与粗细选择	可以选择连接线的类型、连接线的颜色与粗细。其中,连接线粗细支持滚轮输入
24	—	说明区域	对于飞行数据区域选中曲线的说明
25	—	飞行数据	所有飞行数据的列表
26	—	绘图区	所有的曲线都被画在该区域

曲线的基本操作包括缩小、放大、移动。所使用的工具包括箭头工具、放大工具、缩小工具。

（1）缩小：在箭头工具、放大工具、缩小工具、手型工具下，均可以通过将鼠标移动到绘图区，并上滑滚轮来实现缩小。在缩小工具下，还可以通过鼠标左键单击绘图区来缩小图像。

（2）放大：在箭头工具、放大工具、缩小工具下、手型工具下，均可以通过将鼠标移动到绘图区，并下滑滚轮来实现放大。在放大工具下，可以通过鼠标左键按下不放，拖动矩形区域来放大曲线。

（3）移动：在箭头工具、放大工具、缩小工具下，可以通过按下鼠标滚轮来实现曲线的拖动。也可以通过手型工具按下左键不放，以实现拖动曲线的任务。

在画布中，X 轴永远代表时间，其单位为秒，纵轴根据不同的曲线有不同的含义，例如，添加的是高度曲线，则单位是 m，速度则为 m/s。

（三）主要数据简介

在飞行数据区域，可查看飞控数据的所有数据包及各变量对应数值。下面简单介绍主要数据包类型及具体数据变量含义。通过 DataViewer 软件，可将数据包中的数据以曲线形式可视化展示，便于数据分析。

当前飞控数据记录中的数据主要包含八个部分，分别为姿态数据、OSD 数据、控制器数据、遥控器数据、电机数据、电调数据、电池数据、避障数据。飞行数据，根据机型、固件版本等曲线包数据可能会存在细微差异。

飞控数据记录的数据包及其包含的内容如表 9.4 所示。

表 9.4　主要数据包简介

数据组名称	内　　　容
姿态数据	主要包含位置、速度、姿态、角速度等导航信息和加速度计、陀螺仪、磁强计、气压计等传感器的信息
OSD 数据	主要包含无人机的飞行状态信息，如 GPS 信号强度、飞行状态、返航状态等
控制器数据	主要包含无人机输出的控制信息
遥控器数据	主要包含遥控器相关信息，如飞行模式选择、左右摇杆的动作等
电机数据	主要包含无人机对于电机的控制输出
电调数据	主要包含电机调速器的工作状态信息
电池数据	主要包含电池的电压、电流、温度、容量等信息
避障数据	主要包含视觉传感器、超声波传感器、红外传感器的障碍信息

现针对性地介绍一些常用的数据包及其含义。

其中，各数据包中的常用数据简介如表 9.5～表 9.11 所示。

表 9.5　姿态数据包的常用数据含义简介

数　据　项	说　　　明	单　　位
高度	融合后的导航高度	m
卫星数量	可视卫星数量	个
俯仰角	俯仰角（正值表示后仰，负值表示前倾）	deg
横滚角	横滚角（正值表示右倾，负值表示左倾）	deg
偏航角	偏航角（正北为 0，正值表示往右与北向夹角）	deg
指南针模长	指南针模长	l
距离 HOME 的位置	距离 HOME 的位置	m

表 9.6 OSD 数据包的常用数据含义简介

数据项	说明	单位与备注
GPS	0＝完全没有 GPS 信号 1＝GPS 信号很差 2＝GPS 信号可供悬停 3＝GPS 信号可供返航 4＝GPS 信号可供记录 HOME 5＝GPS 信号非常好	为了保证飞行安全,请确保飞行器 GPS 信号等级大于 3,否则飞行器的悬停效果可能会受到影响
飞行状态	0＝电机停止 1＝怠速地面 2＝空中	

表 9.7 遥控器数据包的常用数据含义简介

数据项	说明	单位与备注
俯仰输入	遥控器俯仰通道输入	[－10000,10000]数值为正表示往前打杆,反之为向后
横滚输入	遥控器横滚通道输入	[－10000,10000]数值为正表示往右打杆,反之为向后
油门输入	遥控器油门通道输入	[－10000,10000]数值为正表示往上推杆,反之为向下
偏航输入	遥控器偏航通道输入	[－10000,10000]数值为正表示右旋转机头,反之为左
遥控器状态	0＝姿态模式 1＝运动模式 2＝位置模式 3＝异常 4＝天空端和地面端断开连接 5＝天空端和飞控断开连接	

表 9.8 电机数据包的常用数据含义简介

数据项	说明	单位
电机状态	0＝电机关闭 1＝电机转动	
n 号电机输出	n 号电机的 PWM 输出	0.01% ($n=1\sim8$,据机型变化)

表 9.9 电调数据包的常用数据含义简介

数据项	说明	单位
电调 n 的状态	0＝正常运行 非 0＝电调异常	($n=1\sim8$,据机型变化)
电调 n 的转速	电调 n 测得的电机转速	rpm ($n=1\sim8$,据机型变化)

表 9.10 电池数据包的常用数据含义简介

数据项	说明	单位
电池电压	电池电压	mV
电池电流	电池电流	mA
电池温度	电池温度	℃

表 9.11　避障数据包的常用数据含义简介(根据机型有所变化)

数　据　项	说　明	单　位
超声波高度	超声波的高度测量值	mm
超声波可信标志位	超声波可信标志位 0＝不可信 1＝可信	
前摄像头探测距离	前向摄像头探测到的障碍物距离	cm
前向摄像头有效标志位	前向摄像头有效标志位 0＝无效 1＝有效	
紧急刹车标志位	紧急刹车标志位 0＝未紧急刹车 1＝紧急刹车	

　　若想了解某项数据详细含义,可在飞行数据列表中单击对应数据,即可在右下方说明区域显示数据说明,该说明包含对于数据的意义、单位的解释(图 9.8)。

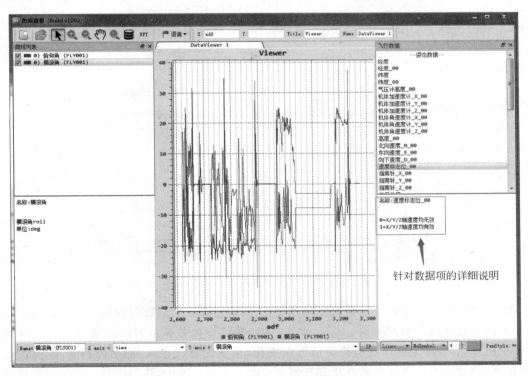

图 9.8　飞行数据列表数据

二、定位炸机数据

　　"炸机数据"的存在,就好比飞机上神秘的"黑匣子",真实地记录了飞行过程中一切,帮助还原那个"灾难时刻",了解为什么发生了这样的问题。对于多轴飞行器来讲,也存在着飞控数据记录的功能。

　　前面已经提到,每次上电都会产生一条飞控数据。因此,每一架飞行器当中都会有许多条数据信息。从众多的飞行数据中,筛选出炸机数据,是多轴飞行器数据分析的第一步。

定位炸机数据,一般可以依靠四个指标:数据大小、加速度计数值、电机数据、飞行器高度。

(1)数据大小:可以通过飞控数据大小,初步估计飞行时间,排除没有实际飞行的数据。

(2)加速度计数值:可以理解为飞行器所受到的外力和。当物体所受的外力和为 0 时,物体保持匀速直线运动或静止,所以如果飞行器与障碍物发生碰撞,会在短时间内,外力大增,反应在加速度计上就是数值的突变。

(3)电机数据:在炸机前,电机一定是处于启动状态;碰撞后,多会发生堵转现象。

(4)飞行器高度:一个起飞了的多轴飞行器,其相对高度一定是会发生变化的。并且炸机后,一般会发生比较严重的坠机、掉高现象。高度曲线原始数值比较接近于飞行位置的海拔高度,在进行分析时需要减去起飞时的高度以得到相对高度。

下面,通过实际案例进行数据分析演示。某测试炸机数据经过还原后如图 9.9 所示。

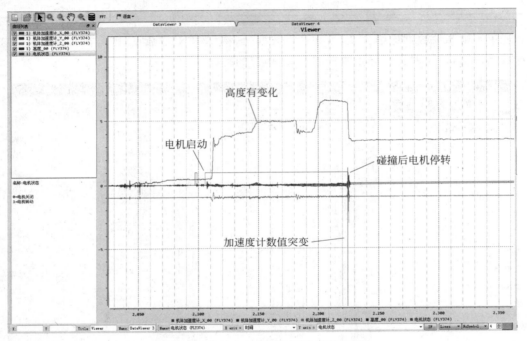

图 9.9 多轴飞行器碰撞时数据状态图

图 9.9 中,机体加速度计曲线发生猛烈变化,可以推断飞行器此时撞机,在碰撞后,电机停止转动,高度也在这一时刻骤降。综上所述,可以找到炸机数据及时间点信息。但是我们发现,其中机体 X 轴加速度计数值往负值方向变化,且变化范围很大,而另外两个 Y 和 Z 的数值变化则相对较小,这些正负的变化又有何含义呢? 在下一节中,我们将带大家了解每种曲线的正负含义。

至于为什么会炸机,是飞手操作失误,还是其他原因呢? 接下来将一一介绍。

三、坐标系定义和数据含义

定位出炸机数据后,在数据分析前,需要了解坐标系定义、数据及其符号具体含义。DJI 多轴飞行器常用坐标系及其数值方向定义如下。

（一）北东地坐标系

北东地坐标系，为 DJI 多轴飞行器采用的大地坐标系。即是以正北方向、正东方向、垂直地面向下作为坐标系的三个轴。

在姿态数据包中，就能找到北向、东向以及向下的速度曲线，这些曲线中，数值为正表明速度为往北、往东或者往下（图 9.10）。

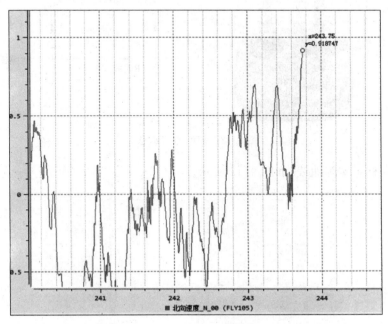

图 9.10　航向速度曲线

如图 9.10 所示，在 $T=243.8s$ 时，飞行器的北向速度为 $0.9\mathrm{m/s}$，即飞行器往北飞。若数值为负值，则表示飞行器往南方向飞行（假设其他方向速度值为 0）。

（二）飞行器本体坐标系

飞行器本体坐标系以多轴飞行器中心点作为坐标原点。三轴分别对应多轴飞行器的前后、左右、上下，正负则适用右手螺旋定则，如图 9.11 所示。

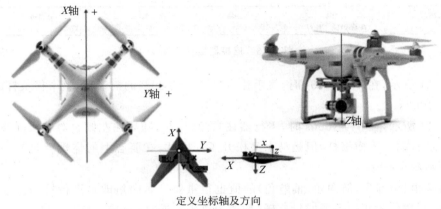

图 9.11　飞行器坐标轴示意

对于姿态数据：俯仰角为正时表示飞行器后仰，反之前倾；横滚角为正时表示右倾，反之左倾。遥控器打杆数据如图 9.12 所示。

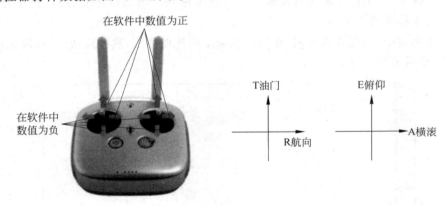

图 9.12　控制通道示意

遥控器打杆杆量实际曲线，如图 9.13 所示。

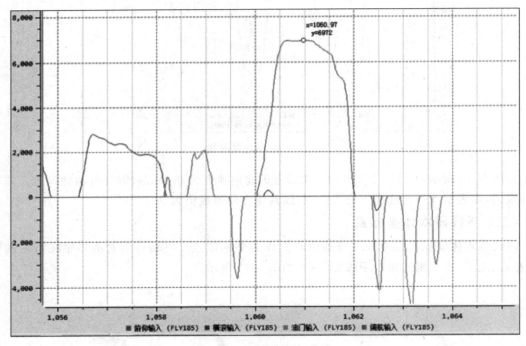

图 9.13　遥控器摇杆曲线

　　如图 9.14 所示，在 $T=1060$s 时，飞手往右打了大约 69% 的横滚杆，整个横滚杆的持续时间是 1060～1062s。

　　如图 9.14 所示，在 $T=1060$s 时，飞行器往右倾斜 29°，随后往左倾。对应实际飞行情况，可能是飞手往右动一下横滚杆，但是马上又松开了。因此，在姿态上的体现就是先往右倾斜，马上反向倾斜刹车减速。

　　除了横滚角、俯仰角，航向角（偏航角）的值也很重要。航向角即是飞行器当前朝向，定义正北方向为 0°，数值为正表示顺时针旋转，数值为负表示逆时针旋转（俯视）（图 9.15）。

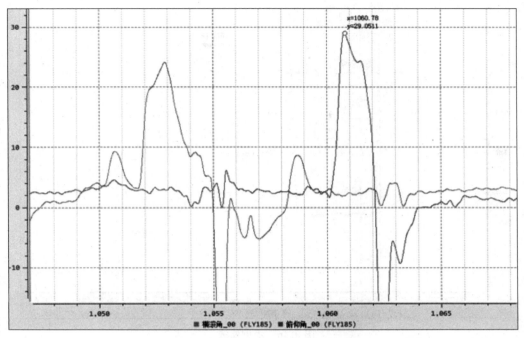

图 9.14 示例图

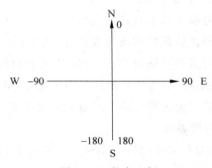

图 9.15 航向坐标

实际曲线如图 9.16 所示。

如图 9.14 所示,在 $T=1201s$ 时,飞行器偏航角为 170°。根据定义可知,170°表示东偏南 80°。飞行器在大约 $T=1175s$ 时,航向角出现较大变化,数值由小变大,表明飞行器顺时针旋转了大约 80°。通过坐标系介绍,简单了解了飞行器的速度、姿态倾斜以及打杆情况。根据上述概念,可以初步判断飞行器的控制状态及控制效果。一架正常受控的飞行器,姿态和速度应积极响应打杆情况。在后续章节中,将结合实际案例进行分析。

四、姿态模式简介及撞机案例分析

姿态模式是区别于位置模式而言的。姿态模式下,飞控只对飞行器进行姿态增稳,无法控制位置及飞行速度。简单来说,飞控能保证飞行器姿态不会自行侧翻,但无法保证速度和位置(定点悬停)的变化,具备一定初速度同时受外力作用下,速度不断变化,容易给人一种不受控

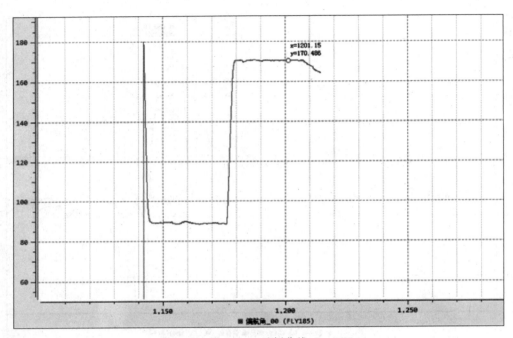

图 9.16　示例曲线

制的错觉。在没有打杆的情况下,飞行器会发生水平方向的移动。在有风或狭窄空间环境,在姿态模式飞行比较危险,这也是很多新手炸机的主要原因。

可能有人会问,既然是一种比较危险的飞行模式,为何不直接把它"干掉"?然而现实是比较残酷的,纵观多旋翼多轴飞行器的发展历史,飞行器从纯手动到能够提供姿态增稳,经历了好几代的技术积累。飞行器在 GPS 卫星信号差且不满足视觉定位的情况下,均会被动进入姿态模式,这一点是目前技术背景下无法避免的。只有等将来的某一天,定位和感知传感器有了进一步的发展,这一现象才能有效避免。

飞行器进入姿态模式的原因有多种,例如,GPS 卫星信号差,视觉传感系统无法满足定位条件,指南针受到严重干扰时等,飞行器都有可能被迫切入姿态模式。此外,DJI 部分飞行器还支持手动切换姿态模式,只需将遥控器上飞行模式开关切到 A 挡,即可手动进入姿态模式(具体进入方式可查看相应产品用户手册)。为防止误触,出厂默认不允许主动切换飞行模式,可在 APP 飞控设置中进行相关设置。

下面,我们来看一个实例,如图 9.17 所示。如图 9.18 所示,通过比对加速度计数值信息,我们发现在大约 80s 时,飞行器发生了碰撞,且 GPS 信号等级仅为 0。

如图 9.18 所示,在 80s 附近时,飞手仅有航向杆量输入。如图 9.19 所示,飞行器在水平方向上,一直存在移动速度。姿态模式下飞行的多轴飞行器,如果姿态跟随了打杆指令,那么飞控的使命就算完成了。水平速度并不是飞控所能控制的。需要注意的是,可见卫星数并不完全等同于 GPS 卫星信号强度。GPS 卫星信号质量,还取决于卫星分布、精度因子等实际情况。若在飞行过程中,飞行器异常进入姿态模式,建议尽快降落。用户应当避免飞行器在 GPS 信号弱、视觉辅助定位系统无法生效和强干扰的环境下飞行。

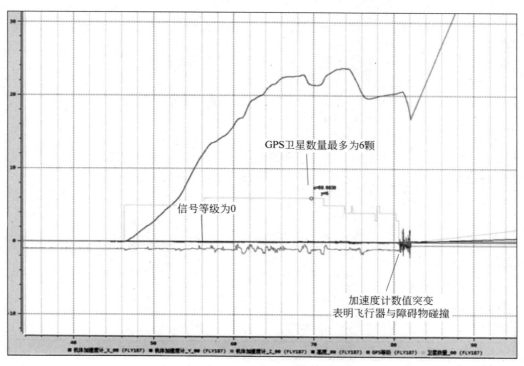

图 9.17 示例

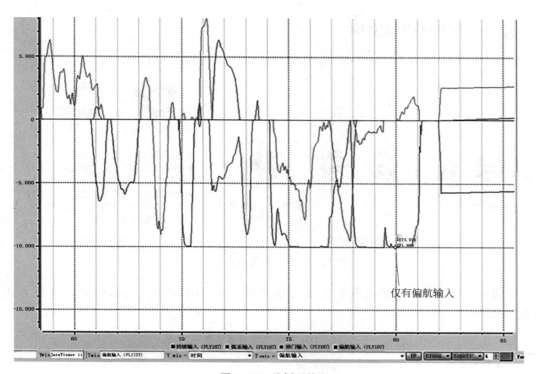

图 9.18 示例碰撞

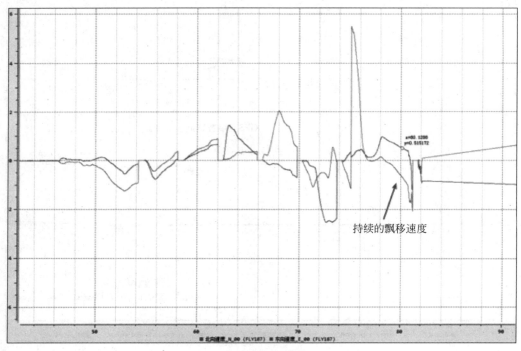

图 9.19　发生碰撞时数值

五、空中掰杆停机案例

"掰杆"是组合摇杆命令的俗称,分为"内八"和"外八"操作,如图 9.20 所示。

(a) 手动起飞

图 9.20　内八和外八操作示例

不同的飞行器对应的紧急停机方式可能略有差异,DJI 主要飞行器的紧急停机方式如表 9.12 所示。

表 9.12　DJI 主要飞行器紧急停机方式

飞行器类型	默认紧急停机方式	备　　注
P3 系列/Inspire1 系列	内外八掰杆立即停机	杆量大于 90%,持续时间 3s
P4 系列/Inspire2	左摇杆＋Home 键组合	左摇杆内八,同时按住 Home 键

续表

飞行器类型	默认紧急停机方式	备 注
Mavic 系列	仅当飞行器异常时掰杆停机	可在 APP 中进行设置,允许掰杆立即停机,否则仅仅飞行器发生异常时掰杆停机才能停转
M600/M200 系列	左摇杆＋Home 键组合	左摇杆内八,同时按住 Home 键
A3/N3 系列飞控	内外八掰杆立即停机	
Spark 系列	内外八掰杆立即停机	

以上紧急停机方式仅适用于本文档完成时各飞行器所处版本固件,后续如有更新,请以对应产品用户手册以及产品发布记录为准。

在空中掰杆是很危险的操作,飞行器将失去动力直接坠机。因此在飞行前,请务必确保知悉紧急停机方式,防止误触发。空中掰杆在数据中的体现为:四个杆量打到顶,高度曲线急速下降,坠地时加速度计猛烈变化,同时电机启动标识位切到 0(图 9.21)。

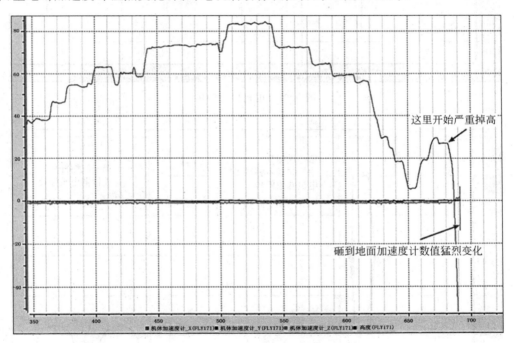

图 9.21 空中掰杆数值

如图 9.22 所示,$T=683s$ 附近时,飞行器因为失去动力,极速掉高。查看 $T=683s$ 附近,电机输出,发现电机已经停止输出。

如图 9.23 所示,查看 $T=683s$ 前的摇杆输入,发现飞手执行了"内八"掰杆操作。

以上紧急停机方式仅适用于本文档完成时各飞行器所处版本固件,后续如有更新,请以对应产品用户手册以及产品发布记录为准。

六、受控撞击案例

在定位出炸机数据后,可通过撞机前飞手打杆以及飞行器的响应情况,来判断飞行器是否受控。

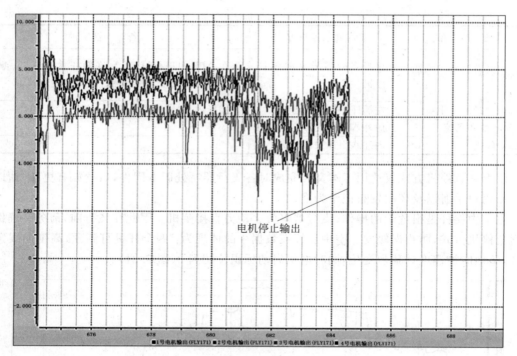

图 9.22 电机停止输出

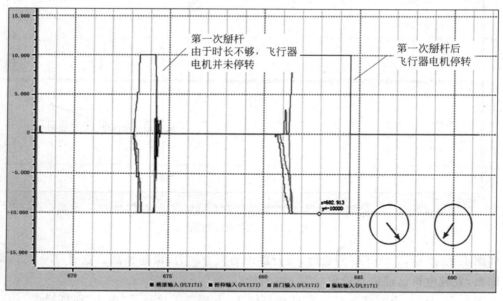

图 9.23 数据反馈

在实际操作时,对于飞行器炸机原因的判断,通常按照以下步骤进行。

(1) 查看遥控器杆量输入,重点关注炸机前后杆量,可忽略过小杆量。

(2) 判断飞行器是否及时响应遥控器杆量输入,通常可以将遥控器的打杆、飞行器姿态倾斜状态以及速度进行比较。正常受控的飞行器应是飞手往哪个方向打杆,飞行器即往哪个方向倾斜并往同一方向飞行。通常判定标准是哪个方向的速度为正值,即代表向哪个方向飞行。

（3）通过飞机航向角判断飞机是否向控制方向飞行。

以同一案例（图 9.24）进行分析，帮助大家更好地体会这个过程。

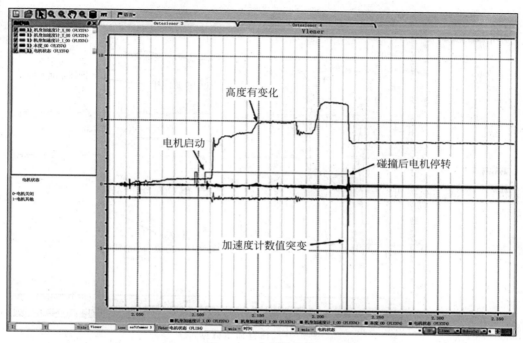

图 9.24　案例数据图

（1）定位出炸机时间点后，通过杆量输入图发现，在碰撞前飞手持续向前推俯仰杆（如图 9.25 曲线所示，最后时刻杆量大约 77%）。

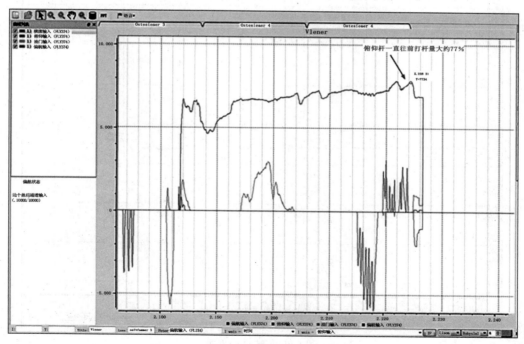

图 9.25　杆量输入图

（2）如图 9.26 所示，可看出飞行器响应了摇杆命令，向前倾斜（姿态数据数值为负，代表飞机向前倾斜），同时向东北飞行（北向速度和东向速度均为正向且数值相当）。

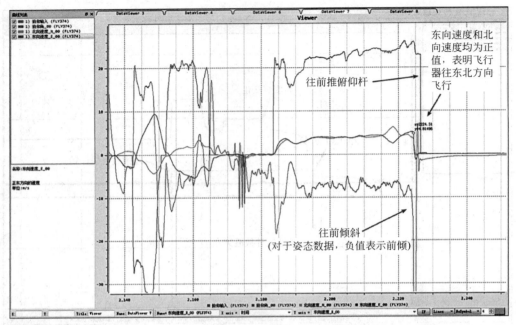

图 9.26　摇杆命令数据

（3）如图 9.27 所示，查看航向角，撞机前飞行器航向角数值大约为 47°，即北偏东 47°，与速度的方向一致。

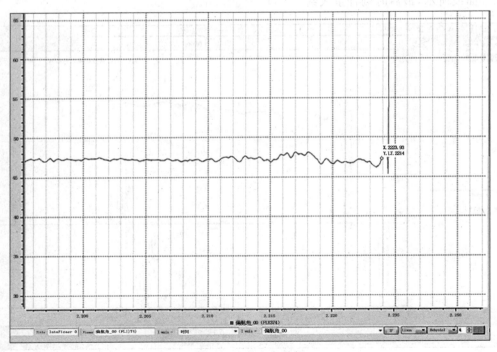

图 9.27　航向角数据

结论：飞手打杆控制飞行器往前飞行，飞行器正常响应后与障碍物碰撞。

七、指南针干扰分析

指南针为多轴飞行器提供了重要的航向信息。指南针在多轴飞行器的位置控制与速度控制中起着关键性的作用。指南针通过测量地球磁场获取多轴飞行器航向角，而地球磁场是很微弱的，很容易受到外界环境的电磁干扰，强磁体、高压电线、建筑物等都会对附近的磁场分布造成较大干扰，从而影响多轴飞行器的正常飞行。为了分析多轴飞行器飞行过程中是否受到了指南针干扰，可以通过 DataViewer 查看指南针模长来实现。

指南针测量得到的磁场可以用一个三维向量来表达：

$$(m_x, m_y, m_z)$$

而指南针的模长为该向量的长度。在一次飞行中，

$$L = \sqrt{(m_x^2, m_y^2, m_z^2)}$$

飞行环境的地磁场强度应该基本恒定，所以指南针测得的磁场强度也应该保持恒定。若指南针模长发生了较大的改变，一般来说就是外界环境影响了多轴飞行器周围的磁场。

飞机在指南针校准完之后，指南针模长大小为 1500。如图 9.28 所示，指南针模长在 496s 之前均保持在 1500～1600，而在接下来的数十秒中，发生了较大的改变。一般来讲，变化量超过 ±500 即可被视为较强烈的磁场干扰。

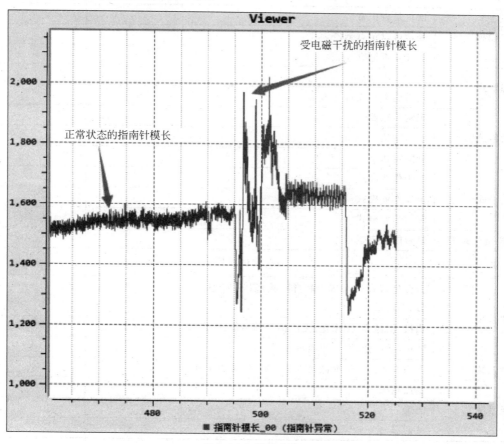

图 9.28　模长曲线

　　强烈的指南针干扰会对飞行品质造成较大的影响。多轴飞行器在强烈磁场干扰下,会发生悬停效果不佳、刷锅现象(即悬停时在原地绕圈),严重者会导致坠机。所以飞行过程中若靠近某些物体后发生指南针受干扰或航向控制异常的时候,请尽快远离干扰源,或者检查指南针模块附近是否有较大电流通过。

　　注:A3、N3 的指南针都设计在了 GPS 模块当中,目的也是为了 GPS 支高之后可以更加远离客户自己各种机架的电流干扰。

第五节　后续测试部分

　　在无人机日常检测或定损维修完成后,为保证可以正常、稳定地工作,需要对无人机进行系统、全面的测试,其中主要包括电路系统、导航系统、控制系统、链路系统等无人机各子系统的测试,还包括无人机基础功能、载荷系统、任务系统的测试,表 9.13 为飞行测试项目表。

　　当测试所有系统、功能都可正常、稳定运行时,方可开始正常作业。

表 9.13　飞行测试项目表

飞行测试项目			
部　件	检　查　项　目		
GPS 模式	搜星是否正常		
	是否可以定点悬停		
	航线是否笔直		
姿态模式	有无异常		
	是否能平稳飞行		
辅助传感器	视觉传感器		
	定高雷达		
	壁障雷达		
作业模式	航拍作业模式		
	植保作业模式		
	测绘作业模式		
RTK 定位系统	是否能稳定运行		
载荷测试项目			
航拍系统	云台是否存在异常(歪、抖、乱甩、不回中、无力、不自检)		
	相机(图像歪、图像花、无法拍照及录像、图像抖)		
	图传(无图像、图传距离短)		
喷洒系统	不同作业模式下喷洒是否正常、航线是否正确		
巡视系统	变焦相机		
	LED		
	喊话器		

第六节　了解工业级 SOP 制定规范

同学们在学校所接触的无人机还属于比较初级的阶段,检测、定损、维修也只是较简单项目。

当同学们毕业后,都会进入各类无人机生产、应用企业,此时在岗位中所接触的飞行、检测、定损、维修等项目都会事关无人机可靠性、人员安全等问题,检修流程中任何一个环节出现问题,都会降低工作效率,直接影响企业经济效应。

为提高同学们的综合素养,有必要提前树立科学思维和工程思维,了解工业生产中所涉及的 SOP(标准操作程序)规范。

1. 目的

建立无人机企业工程技术部 SOP 的制作模式、标准,使 SOP 的制作规范化。

2. 范围

无人机企业工程技术部工程人员。

3. 责任

工程技术部人员负责 SOP 的制作/发行,文控中心负责 SOP 的登记/分发。

4. 名词定义

(1) SOP(standard operation procedure)标准作业书:让来自不同环境、不同教育背景的人都能生产出品质均一的产品,把这种作业方式用文字、图表标识出来,做成文件给生产部门,这种文件即叫"标准作业书"。可以达到降低、减少不良率的效果,更可以提高生产效率,缩短解决问题的时间等。

(2) ST(Standard Time)标准工时:在规定的作业条件及规定的作业方法下,平均熟练技能的作业者以正常的速度完成规定质量产品所需的时间。

$$ST = 正常作业时间 \times (1 + 宽放率)$$

(3) 时间宽放:作业时间中减除净作业时间外,由于"作业者的生理需要""作业方法的问题""管理需要"等原因,经常会造成作业中断或产生作业时间以外的时间,这种不可避免的时间增加即时间宽放。对作业时间宽放可分为 5 类:私事宽放、疲劳宽放、作业宽放、管理宽放、特殊宽放。

(4) 私事宽放:除疲劳以外作业者在生理上的需要,如喝水、上厕所、擦汗等。

(5) 疲劳宽放:由于作业造成的精神及肉体上的负荷,所带来的劳动机能衰退及速度减慢,必须给定的时间称为疲劳宽放。

(6) 作业宽放:由于材料、零件、设备、工具等生产相关物品造成的非周期性、不规则的准备或是清扫等类似的作业。

(7) 管理宽放:由于企业的管理制度所造成的管理时间,如班前会、中休时间、体操时间等。

(8) 特殊宽放:根据生产的工艺特点或生产计划周期的长短,不同的产品、不同的生产线根据具体情况可以设定宽放率,称为特殊宽放。如小批量、换线、奖励、设备、治具干扰等。

（9）各宽放的时间值。

私事宽放	疲劳宽放	作业宽放	管理宽放	特殊宽放
6%～8%	6%～8%	6%～8%	生产部门根据实际制定	

5. SOP 的格式、内容

（1）SOP 用 A4 纸张，字体设定为 Arail 字体；叙述部分字号用 12 号黑色字，用厂内统一标准 SOP 模板。

格式，分段制作，每个工位用一个工作表。

（2）SOP 左边为图示，包括作业步骤、作业内容、确认事项、异常处置方法。

① 图示：图示说明要简洁明了，重点突出。

② 作业内容：作业内容的重点注意事项，要符合产品要求的质量特性，本工作站完成作业内容要自检，下一工作站要对上一工作站的工作内容进行确认，OK 后方可作业。

③ 确认事项：接触到 TP 或者 CTPM 的工作站要注意静电防护，须佩戴静电环，另外工装、设备都需要求作静电防护。

相关测试、判定标准一定要依据 SPEC 进行规定，评估、了解每个产品、客户的要求质量标准，如无特殊要求则以厂内标准，所用仪器的各项参数、挡位设定要描述清楚，设备要指明参见相关的设备操作指导书。制定的测试标准要合理，以免造成不必要的品质浪费。

须戴手套、指套的工位应在 SOP 中明确注明，制程要求中也要体现。为防止划伤产品的外观，作业员指甲的保留长度从手背方向确认保留长度不可超过 1mm。

要明确每个工作站治具以及材料的摆放位置；不良品的摆放与生产线实际作业需要要相符（根据作业者作业方便决定放置位置）可以简单地布局示意。

④ 异常情况处理办法如下。

* 规定不良品出现超过 3 次要立刻向领班线长反映。
* 规定异常状况时产出的良品、不良品的放置容器及位置。

6. 编制 SOP 要达到的效果

（1）不论谁依据 SOP 作业都可以实现同样的作业方法。

（2）可以保证一定的作业质量及效率，并作为成本管理的基准。

（3）作业步骤有节奏，有助于提高熟练度。

（4）可以作为标准时间设定与更新的基准。

（5）保证并提高作业的安全性。

（6）成为生产计划的实施与结果评价的基准资料。

（7）成为作业改善的基准。

参 考 文 献

[1] 吴森堂.飞行控制系统[M].北京:北京航空航天大学出版社,2013.

[2] 段连飞,章炜,黄瑞祥.无人机任务载荷[M].西安:西北工业大学出版社,2017.

[3] 符长青.无人机系统设计[M].北京:清华大学出版社,2019.

[4] 王宝昌.无人机航拍技术[M].西安:西北工业大学出版社,2017.

[5] 郭学林.航空摄影测量外业[M].郑州:黄河水利出版社,2011.

[6] 张宇雄.电动模型飞机动力系统配置[M].北京:北京航空航天大学出版社,2015.

[7] 于坤林,陈文贵.无人机结构与系统[M].西安:西北工业大学出版社,2016.

[8] 邓非,闫利.摄影测量实验教程[M].武汉:武汉大学出版社,2012.

[9] Terry Kilby&Belinda Kliby.自己动手制作无人机 [M].姚军,等译.北京:机械工业出版社,2017.

[10] 鲁道夫·乔巴尔.玩转无人机[M].吴博,译.北京:人民邮电出版社,2015.

[11] 鲍凯.玩转四轴飞行器[M].北京:清华大学出版社,2015.

[12] 贾玉红.航空航天概论[M].北京:北京航空航天大学出版社,2013.

[13] 段连飞.无人机图像处理[M].西安:西北工业大学出版社,2017.

[14] 美国 Make 杂志编辑编.爱上无人机:原料结构、航拍操控与 DIY 实例精汇 [M].陈立畅,等译.北京:人民邮电出版社,2017.

[15] 万刚,等.无人机测绘技术及应用[M].北京:测绘出版社,2015.

[16] 王永虎.直升机飞行原理[M].成都:西南交通大学出版社,2017.

[17] 孙毅.无人机驾驶员航空知识手册[M].北京:中国民航出版社,2014.

[18] 杨华保.飞机原理与构造[M].西安:西北工业大学出版社,2016.

[19] 贾忠湖.飞行原理基础[M].北京:国防工业出版社,2016.

[20] 邢琳琳.飞行原理[M].北京:北京航空航天大学出版社,2016.

[21] 刘星,司海青,蔡中长.飞行原理[M].北京:科学出版社,2016.

[22] 杨浩,城堡里学无人机原理、系统与实现[M].北京:机械工业出版社,2017.

[23] 陈康,刘建新.直升机结构与系统(ME-TH、PH)[M].北京:清华大学出版社,2016.

[24] 陈金良.无人机飞行管理[M].西安:西北工业大学出版社,2014.

[25] 马丁·西蒙斯.模型飞机空气动力学[M].肖治垣,马东立,译.北京:航空工业出版社,2007.